高等学校教材

# 过程装备安全技术

魏新利　刘华东　张东伟　编著
王威强　主审

U0301611

化学工业出版社
·北京·

《过程装备安全技术》根据过程工业与装备特点，分别从过程装备安全检测、过程装备安全装置、承压设备的监察管理、典型过程装备安全技术、过程装备结构完整性评价、过程装备事故分析与处理等几个方面介绍了过程装备安全知识。旨在提升读者过程装备事故危害与预防、安全监测与监察管理、故障分析与事故处理等安全技术能力。

本书可以作为高等学校机械类、化工类等相关专业本科专业教材或参考书，也可供相关工程技术人员学习与参考。

**图书在版编目（CIP）数据**

过程装备安全技术/魏新利，刘华东，张东伟编著. —北京：化学工业出版社，2018.4

高等学校教材

ISBN 978-7-122-31607-3

Ⅰ. ①过…　Ⅱ. ①魏…②刘…③张…　Ⅲ. ①化工过程-化工设备-设备安全-高等学校-教材　Ⅳ. ①TQ051

中国版本图书馆 CIP 数据核字（2018）第 038234 号

---

责任编辑：程树珍　丁文璇　　　装帧设计：关　飞

责任校对：宋　玮

---

出版发行：化学工业出版社（北京市东城区青年湖南街 13 号　邮政编码 100011）

印　　装：河北鹏润印刷有限公司

787mm×1092mm　1/16　印张 $8\frac{3}{4}$　字数 213 千字　2018 年 7 月北京第 1 版第 1 次印刷

---

购书咨询：010-64518888（传真：010-64519686）　售后服务：010-64518899

网　　址：http：//www.cip.com.cn

凡购买本书，如有缺损质量问题，本社销售中心负责调换。

---

定　　价：29.00 元

# 前言

随着过程装备的大型化，流程工业生产装置日益复杂，许多装备互相连接，形成一条很长的连续生产线，装备间互相作用、互相制约。而且大量有毒有害化学物质存在于工艺过程中，一旦某些薄弱环节出现故障，就可能造成重大事故，给生命和财产造成巨大损失。因此，为了确保流程工业生产装置的正常运转并生产出符合质量标准的产品，要特别重视过程装备的安全可靠性。

在工程教育专业认证的标准中，对本科毕业生明确提出：“能够设计针对复杂工程问题的解决方案，设计满足特定需求的系统、单元（部件）或工艺流程，并能够在设计环节中体现创新意识，考虑社会、健康、安全、法律、文化以及环境等因素”，“能够基于工程相关背景知识进行合理分析，评价专业工程实践和复杂工程问题解决方案对社会、健康、安全、法律以及文化的影响，并理解应承担的责任”。这就要求过程装备与控制工程及相关专业的本科生，应当掌握必要的装备与工程安全知识，具备必要的装备与工程安全技术能力。

本书根据过程工业与装备特点，分别从过程装备安全检测、过程装备安全装置、承压设备的监察管理、典型过程装备安全技术、过程装备结构完整性评价、过程装备事故分析与处理等几个方面介绍了过程装备安全知识。

本书可以作为高等学校机械类、化工类等相关专业本科专业教材或参考书，也可供相关工程技术人员学习与参考。

本书第 1 章、第 6 章由郑州大学的魏新利编写，第 4 章、第 7 章由郑州大学的刘华东编写，第 2 章、第 3 章、第 5 章由郑州大学的张东伟编写，全书由魏新利统稿。山东大学的王威强主审。

由于编写时间仓促和水平所限，书中不妥之处在所难免，敬请各位读者批评指正。

编者

**2018. 01**

# 目　录

# 第1章 概论

## 1.1 过程工业生产特点

### 1.1.1 过程工业的概念

按照“技术特征”可将制造业分为两类。

一类是通过物质的化学、物理或生物转化，生成新的物质产品或转化物质的结构形态，多为流程性材料产品，以气体、液体、粉体等形态存在，产品计量不计件，连续操作，生产环节具有一定的不可分性，可统称为过程工业（过程制造业），如涉及化学资源和矿产资源利用的产业（化工、石油化工、冶金等）；另一类是以物件的加工和组装为核心的产业，根据机械电子原理加工零件并装配成产品，但不改变物质的内在结构，仅改变大小和形状，产品计件不计量，多为非连续操作，这类工业可统称为装备制造业。

过程工业是加工制造流程性材料产品的现代制造业。我国的主要过程工业按大行业分类有：食品加工业、食品制造业、造纸及制品业、印刷业、石油加工及炼焦业、化学原料及化学制品业、医药制造业、化学纤维制造业、橡胶制品业、塑料制品业、矿物制造业、黑色金属冶炼及压延加工业、有色金属冶金及压延加工业等。

另外还有包含在其他大行业中的过程工业，如：金属表面处理及热处理业、铸件制造业、粉末冶金制品业、绝缘制品业、集成电路制造业（部分生产环节）、电子元件制造业（部分生产环节）、纤维原料初步加工业、棉纺印染业、毛染整业、丝印染业、火力发电业、煤气生产业、自来水生产业等。

### 1.1.2 过程工业生产特点

从安全的角度来说，过程工业生产具有如下特点。

**(1) 工作介质多为易燃易爆、有毒有害和有腐蚀性的危险化学品**

过程工业生产中从原材料到产品，包括工艺过程的半成品、中间体、溶剂、添加剂、催化剂、试剂等，许多属于易燃易爆物质，且在高温、高压等苛刻条件下极易发生泄漏或挥发，甚至发生自燃。如果操作失误、违反操作规程或设备管理不善、年久失修，发生事故的可能性就增大。一旦发生事故，不仅损伤设备，还会造成人员伤亡。如原料药的合成、化肥和农药生产、硫黄制酸、染料生产、氯碱化工等。

过程工业生产中的有毒物质，种类多，数量大。许多原料和产品本身有毒，在生产过程中添加的一些化学物质也多数有毒性，在生产过程中因化学反应又生成一些新的有毒物质。这些毒物有的属于一般毒性物质，也有的属于剧毒物质。它们以气、液、固三态存在，并随生产条件的变化而改变原来的形态。

过程工业生产过程还存在一些腐蚀性物质。如在生产过程中使用的硫酸、硝酸、盐酸和强碱等一些强腐蚀性物质，它们不但对人有很强的化学灼伤作用，而且对金属设备也有很强的腐蚀作用。另外，在生产过程中有些原料和产品本身具有较强的腐蚀作用，如原油中含有硫化物就会腐蚀设备管道。化学反应中还会生成新的、具有不同腐蚀性的物质，如硫化氢、氯化氢、氯氧化物等。如在设计时没考虑到该类腐蚀产物的出现，不但会大大降低设备的使用寿命，还会使设备减薄、变脆，甚至承受不了设计压力而发生突发事故。

**(2) 生产过程复杂、工艺条件苛刻恶劣**

现代化过程工业生产过程复杂，从原料到产品，一般都需要经过许多工序和复杂的加工单元。而且广泛采用高温、高压、深冷、真空等工艺，有反应釜、塔、换热器、储罐、锅炉等各种各样的设备，再加上众多的管线，使工艺装置更加复杂化。工艺操作不当也会造成危害，例如，进行加氢反应时，不同的反应过程采用不同的反应压力。当选择高压进行反应时，对于低压反应而言，又增加了潜在超压的危害。当工艺系统的运行“偏离”原来的设计条件时，就可能出现异常的工况，进而导致化学品或能量泄漏，形成工艺安全事故。比如意外停电、失去冷却水、失去仪表空气、操作人员开错阀门、加错物料、遗忘操作步骤、环境温度过高或过低、工艺设施遭受车辆撞击、管道破裂、设备穿孔等。有些反应要求的工艺条件苛刻，如丙烯相空气直接氧化生产丙烯酸的反应，物料配比在爆炸极限附近，且反应温度超过中间产物丙烯醛的自燃点，在安全控制上稍有失误就有发生爆炸的危险。

**(3) 生产规模大型化、生产过程连续化**

现代过程工业生产装置规模越来越大，以求降低成本、提高生产率、降低能耗。因此各国都把采用大型装置作为加快过程工业发展的重要手段。装置的大型化有效提高了生产效率，但规模越大，装置越复杂，危险源越多，安全隐患越大。化工生产从原料输入到产品输出具有高度的连续性，前后单元息息相关，相互制约。某一环节发生故障常常会影响到整个生产的正常进行。安全事故都是瞬间发生，尤其是火灾和爆炸事故，不仅死亡人数多、波及范围广，而且带来的危害也十分巨大。有时还会引起恶性的社会群体性事件，给经济发展以及社会稳定带来巨大影响。

**(4) 生产过程自动化程度高**

由于装置大型化、连续化、工艺过程复杂和工艺参数要求苛刻，因而现代化过程工业生产中，人工操作已不能适应其需要，必须采取自动化程度较高的控制系统。近年来随着计算机技术的发展，过程工业生产中普遍采用了DCS集散控制系统，对生产过程的各参数及开停车实行监控、控制和管理，从而有效地提高了控制的可靠性。但是也可能因控制系统和仪器仪表维护不好、性能下降、检测或控制失效而发生事故。

**(5) 局部停机将导致全线停机**

过程工业的最主要特征是某一局部停机会导致全线停机。从胶片、造纸、卷烟、连铸连轧的轧钢设备，到反应介质流动的石油化工过程，局部停机就意味着上、下游存在制品的积压或短缺，迫使全线停机。全线停机会造成严重的经济损失，化工反应、冶金熔炼设备等停机往往会造成大量在用材料和能源的浪费。

**（6）运行中无法停机排除小故障隐患**

过程工业在运行中，局部小故障隐患即使被发现，也会因不能停机而无法排除。只要此故障隐患不会造成质量、成本、安全等严重后果，或者短时间内不会造成全线停机，装备“带病”运行是允许的，也是企业里常见的状况。

**（7）事故应急救援难度大**

由于过程工业大量易燃易爆物品的存在、复杂的管道布置，增加了事故应急救援的难度。

### 1.1.3 过程工业安全生产

过程工业发生事故的可能性及其后果的严重性比其他行业来说要大得多，所以安全生产显得尤为重要。安全是生产的前提，没有安全作保障，生产就不能顺利进行。安全是过程工业生产发展的关键，没有安全作保障，生产就不能实现向大型化、连续化方向发展。随着社会的发展，人类文明程度的提高，人们对安全的要求也越来越高。因此，深入研究安全管理和预防事故的科学方法，控制和消除各种危险因素，做到防患于未然，就显得尤为重要。对于担负着开发新技术、新产品重任的工程技术人员，必须树立安全观念，认真探讨和掌握伴随生产过程而可能发生的事故及预防对策，努力为企业提供技术先进、工艺合理、操作可靠的生产技术，使过程工业生产中的事故和损失降低到最低限度。

由于过程工业的生产装置是由许多机器与设备按照工艺要求通过管道阀门等互相连接形成的，装备之间互相作用、互相制约。因此装备的可靠性研究变得越来越重要。对工艺设备的处理能力和工艺过程的参数要求更加严格，对控制系统和人员配置的可靠性也提出了更高的要求。在这些装备中，大多数危险都具有潜在的性质，即存在着“危险源”。危险源在一定的条件下可以发展成为“事故隐患”，若事故隐患继续失去控制，则转化为事故的可能性会大大增加。即危险失控，可导致事故；危险受控，能获得安全。所以辨识危险源成为重要问题。目前国内外流行的安全评价技术，就是在危险源辨识的基础上，对存在的事故危险源进行定性和定量评价，并根据评价结果采取优化的安全措施。提高过程工业生产的安全性，需要增加设备的可靠性，同样也需要强化现代化的安全管理。

本书按照安全人机工程学理念，从过程装备本身安全检测、工况环境的检测、安全装置、过程装备安全管理、典型过程装备安全技术、过程装备事故分析及处理等几个方面进行安全分析。

## 1.2 过程装备安全的特点

### 1.2.1 过程装备概念及分类

过程装备通常是指过程工业生产过程中应用的各种设备。在过程工业将生产原料转化成为合格产品的过程中，必须要经过主要的三种工序：第一个是生产原料的预处理；第二个是相关的化学或生物反应；第三个是反应后的产物提炼及分离。这一生产工艺过程主要依靠相应的机械设备实现，这样的机械设备都属于过程装备。

目前，过程工业正在朝着大型化和集成化方向发展，这样就要求我们使用的装备有着非常好的使用性能以及运行的安全稳定性。在整个过程工业生产中如果某一个机械设备出现故障就会严重地影响系统的稳定运行。因此在过程工业领域，装备运行的安全至关重要。

**(1) 过程装备的分类**

过程装备通常可分为过程机械和过程设备两大类。

过程机械（流体机械），指主要作用部件为运动的机械，如各种泵、风机、压缩机、破碎机、过滤器、离心分离机、旋转窑、搅拌机、旋转干燥机等。

过程设备，指主要作用部件是静止的或者只有很少运动的机械，如各种储存设备（槽、罐、釜等）、反应设备（反应器、合成塔、反应炉、电解槽、聚合釜等）、换热设备（换热器、散热器、废热锅炉、储热器等）、分离设备（精馏塔、干燥器、蒸发器、结晶设备、吸附设备、普通分离设备）等。

**(2) 过程装备的主要性能**

过程工业的生产产量以及相应的生产成本和生产质量与过程装备密切相关。同时过程装备必须能够承受高温、高压以及易燃易爆等苛刻的条件。因此过程装备至少应该具备以下五种使用性能：①过程装备应该在连续高速运转的情况下保障其可靠性以及安全性；②过程装备应该在特殊的条件下还能够保障标准要求的使用强度性能；③过程装备必须具有非常好的耐腐蚀性；④过程装备必须要有好的密封性能；⑤过程装备必须要按照国家节能减排的要求实现高效率、低能耗、低排放。

**(3) 过程装备的主要特点**

由于过程装备的用途不同，涉及的形式种类非常多，过程装备内物料的相互转化是非常复杂的，常见的能量转化主要有热能转化、机械能转化以及化学能转化等。

过程装备在运行过程中由于运行物料的性质发生变化，导致过程装备的组成以及相应的运行状态也随之变化。

过程装备的运行工况会随着生产系统运行参数的变化而变化，例如随着温度、压力的变化而变化等。

过程装备要求能够在不同化学物质的生产运行过程中灵活转换，因此过程装备的设备结构比较复杂。

## 1.2.2 影响过程装备安全的主要因素

**(1) 过程装备安全的本质因素**

通过对大量过程装备事故数据统计分析，可以看到，由于过程装备的设计不合理，造成过程装备在使用中发生事故的情况时有发生。比如，有些过程装备由于选材不当而引起装置腐蚀、损坏及材料的疲劳；有些过程装备由于设计不合理，缺少可靠的控制仪表等，在操作时，过程装备往往会出现故障；有的过程装备是因为外部附件设计不合理而存在危险因素；有的是操作部位不合理等。这些都直接影响过程装备的安全性，从而使生产装置处于不安全状态。

过程装备的本质安全是保证生产运行的关键所在。设计者必须严格遵循相关的规范标准，根据过程装备的使用条件，严格设计，力求使过程装备达到技术先进、性能可靠、安全耐用的标准。

在过程装备的加工制造以及装配过程中，可能存在不足，形成危险因素，引发事故。如过程装备制造过程中存在的制造工艺不符合标准、加工方擅自变更图纸、加工精度不能满足标准或设计要求、没有进行充分的无损检验或没有经过专家验收、对过程装备预处理或热处理不当、过程装备安装达不到技术标准要求等，均会形成潜在的不安全因素。

制造和安装单位一定要严格按照过程装备制造和安装技术标准，在制造以及安装过程中，确保质量达标。属于压力容器的，还应符合国家关于特种设备安全监察方面的相关规定。

**(2) 过程装备安全的使用因素**

在过程工业生产中，大多数过程装备都是在苛刻的温度、压力、介质条件（如高温、高压、低温、真空、腐蚀等）等环境下运行的。相关操作人员的违规操作、误操作，工作人员对过程装备维护保养的缺失，对过程装备本身及安全附件定期检验校验的不到位，检修维修前后开停车的不按规操作等，都是过程装备在使用过程中的安全隐患，稍有不慎，就可能导致过程装备事故的发生。

为了实现过程装备安全，在使用过程中，所有过程装备管理人员和操作人员都必须经过严格地培训或考核合格，并能够自觉遵守各项规章制度。每位操作人员都必须熟悉和掌握过程装备的性能、操作要领和工艺指标，严格按照操作规程进行操作，杜绝“三违”现象。严禁过程装备超温超压超负荷运行以及超期服役，同时，要及时对过程装备进行维修和保养，以保证过程装备处于完好状态。

**(3) 过程装备安全的管理因素**

安全管理是保证生产经营单位安全运行的重要环节，也是保障过程装备安全的必要措施。必须不断完善安全管理制度，建立一套科学、合理、有效、可操作性强的安全管理和应急管理体系。通过安全管理，提高各级管理人员和员工的安全意识，规范员工的操作行为，加强对过程装备的维护保养，使设备本身和各个安全附件都处于良好状态。属于特种设备范畴的承压设备，还必须严格遵守特种设备有关定期检验的要求。积极开展安全生产标准化工作，努力提升企业对过程装备的管理水平。

加强对从业人员教育培训，不断提高对过程装备安全运行知识的掌握程度，增强员工安全意识和自我保护能力。首先，要正确认识和学习国家有关安全生产的方针、政策、法律法规以及有关过程装备方面的规章、规程、规范、标准等；其次，要普及和提高过程装备安全技术知识，使其了解相关的安全管理要求，增强安全操作技能，掌握过程装备和工作岗位存在的危险因素及防护措施、应急措施等；再次，通过对典型的事故案例进行分析，使员工从事故中汲取深刻的教训，让他们了解到自己所执行的安全管理制度及操作规程，不但是国家法律法规和标准的要求、是实践中经验的积累，也是在血淋淋的事故中总结出来的教训。要使员工明白过程装备事故的严重性和危害性，增强员工对过程装备安全运行的重视程度，以保障生产的有序进行，实现对过程装备安全的有效控制。

## 1.2.3 过程装备失效的主要原因

过程装备有别于其他机械装备的显著特点是：

ⅰ. 涉及的能量形式多种多样，相互间转换过程也较复杂，最常见的能量形式有热能、机械能、化学能、电磁能等；

ⅱ. 工质性质多变，如其组成、组分及其相态的多变等；

ⅲ. 运行工况域十分宽阔，操作参数特殊，如高低压、高低转速、高低温、高低黏度等；

ⅳ. 具有优良的适应不同化学性质要求的特点，从而构成了过程装备特殊结构的千变万化。

因此，过程装备的损坏形式也是多种多样的，如：表面损坏、畸变损坏、泄漏损坏、断裂损坏等。但究其原因主要有以下几个方面。

**(1) 腐蚀和冲蚀磨损**

相关调查显示，在世界上生产的钢铁中，每年就有将近总量的10%的钢铁被腐蚀掉，因为腐蚀问题造成的经济损失大约占据了国民生产总值的2%～5%。

从过程工业生产过程看，腐蚀问题大致可以分为三种类型，即来自原料组分的腐蚀、生产过程中来自化学药剂的腐蚀以及环境的腐蚀。在各种炼油加工过程中，作为处理剂、吸收剂、催化剂等加入的各种酸及化学药剂，几乎都会对设备造成腐蚀。

另外，在机械、冶金、能源、航空等行业都广泛存在着冲蚀磨损的问题，其已经成为材料损坏的重要原因之一。据有关部门调查，在所有的锅炉事故中，有近1/3的是由于锅炉管道的冲蚀磨损造成的；运输管道、弯头的冲蚀磨损比直通管道的冲蚀磨损程度严重50倍以上。

许多储存在容器内的原料及化学品会与容器金属本身反应而造成腐蚀，在流体输送过程中对材料造成冲蚀。在一些生产操作中，腐蚀和冲蚀同时发生。

**(2) 疲劳**

在静设备上，疲劳损坏常发生在管路和压力容器上，它的产生是由温度和压力载荷的周期性变化导致的。设备的损坏最初是以疲劳裂纹的形式出现的，随着时间的积累，逐渐形成交变应力，最终导致裂纹的快速扩展，造成设备及配件损坏。

在旋转机械特别是在往复运动的部件上，疲劳裂纹的产生非常普遍。机械的疲劳损坏，一般始于金属的表面，以裂纹形式出现，起初裂纹扩展比较缓慢，之后发展越来越快，最后导致裂纹迅速扩展以至造成设备或其零部件损坏。

**(3) 渗漏与泄漏**

通常情况下，渗漏是由于零件的质地疏松或者存在肉眼看不到的缝隙等原因造成的液体或者气体向外流动的现象。出现渗漏的原因主要就是存在缝隙和密闭系统的压力过大，有时多种因素的共同影响也会导致渗漏的发生。要更好地解决渗漏问题，就必须采取针对性的措施，根据具体原因对症治理。

过程装备和管道上存在大量密封点，在压力、温度、介质腐蚀的联合作用下，随着时间的延续，往往出现泄漏。渗漏或泄漏都会引起有毒物质的外泄，从而危害生产和人民群众公共安全。

**(4) 运动与运转故障**

润滑不良、工作中加料和加载不均衡，可加速轴承损坏、运转件磨损和整个转子不平衡，使得振动加剧，噪声增大，严重时使设备损坏。

**(5) 温度过高或过低**

温度过高，金属也会发生结构变化及化学变化，如晶粒增大、过烧、石墨化、脆化等，使设备发生永久性的变形以致彻底损坏。还有高温下的氢腐蚀、高温蠕变、热膨胀不一致等问题。温度过低，设备内的水或某些化学药剂会冻结，造成管道和容器破裂损坏。对于间歇操作的设备、消防水线及排放水线，特别容易冻坏。

**(6) 超压及超负荷**

在正常情况下，单纯超压并不一定会造成设备损坏，因为超压时有安全泄放装置可以泄放，或原设计就有输送泵的最大压力限制予以保护。但如果安全泄放装置失灵或泄放通道过小，设备本身存在腐蚀使壁厚减薄过多，或存在裂纹、凹坑等缺陷，就会造成故障导致设备损坏。超压过高时，则会引起设备爆炸。

**(7) 脆性断裂**

多种原因可使金属材料呈现脆性。在无鼓胀、无变形，即没有先兆的情况下发生裂纹迅速扩展而断裂，其后果常常是灾难性的。

**(8) 机械维修不当或缺乏维修管理**

由于设备吊装坠落或搬运机具碰撞等类似情况造成的机械损坏，会在装置停工大检修中发生。把起重卷扬机固定在管架上，卷扬机工作时，引起管架弯曲；卡车或其他搬运机动车辆，撞到构筑物柱子上，致使柱子变形、混凝土基础损坏，撞到蒸汽管线的排凝集合管或消防水龙头上，迫使装置不得不停工进行修复；推土机严重破坏地下瓦斯管线，引起瓦斯泄漏点燃；预制好的管线从卡车上抛下，使法兰损坏；换热器抽出管束时，将基础拉坏；起吊管束操作不当，将管子撞坏等也属此类。以上事例大多发生在工程施工或大检修过程中，纯属工作马虎或不遵守操作规程及有关安全施工规定所致。

**(9) 地震、地基下沉、风载荷**

设备经受地震、地基下沉、风载荷时，特别是当基础、支承和框架受到损坏时，设备的损坏将十分严重。还有，脚手架上的踏板没有固定好，被大风吹到附近的管线上，造成管线损坏；安装罐顶圈板，未固定加强，被狂风吹掉，造成不应有的损失等也应引起重视。

### 1.2.4 过程装备安全的基本要求

过程工业生产装置大型化，在基建投资和经济效益方面的优势是无可争议的，但是大型化必然带来生产的连续化、操作的集中化以及全流程的自动控制，省掉了中间储存环节，生产的弹性大大减弱。生产线上每一环节的故障都会对全局产生严重影响。对工艺设备的处理能力和工艺过程的参数要求更加严格，对控制系统和人员配置的可靠性也提出了更高的要求。大型化把各种生产过程有机地联合在一起，输入输出都是在管道内进行的。许多装置互相连接，形成一条生产线，规模巨大、结构复杂、不再独立运转，装置间互相作用、互相制约，这样就可能存在薄弱环节，使系统变得比较脆弱。为确保生产装置的正常运转并达到规定目标的产品，装置的可靠性变得越来越重要。

为了保证安全生产，过程装备必须满足如下基本要求。

**(1) 足够的强度**

设计者在设计各种过程装备时必须严格按照国家有关标准进行设计、选材，制造者必须按照国家标准进行制造，检验人员严格按照相关标准进行检验，保证设备具有足够的强度。严禁粗制滥造和任意改变结构及材料。承压设备在使用时，要求操作人员严格履行岗位职责，遵守操作规程，严禁违章操作，严禁超温、超压、超负荷运行。同时还要加强设备的维护管理，定期检查设备、机器的腐蚀情况，发现问题及时修复更换，以免造成重大事故。

**(2) 良好的韧性**

韧性是指材料断裂前吸收变形能量的能力。由于原材料、制造和使用等方面的原因，过程装备常带有各种各样的缺陷，如裂纹、气孔、夹渣等。研究表明，并不是所有缺陷都会危及装备的安全运行，只有当缺陷尺寸达到某一临界尺寸时，才会发生快速扩展而导致过程装备的破坏。临界尺寸与缺陷所在处的应力水平、材料韧性以及缺陷的形状和方向等因素有关，它随着材料韧性的提高而增大。材料的韧性越好，临界尺寸越大，设备对缺陷就越不敏感，因此韧性是设备材料的一个重要指标。

**(3) 可靠的密封**

在过程工业生产中，设备中处理的物料介质大都具有易燃、易爆、毒性和腐蚀性等特性。如果由于设备与机器密封不严造成泄漏，将会对环境及人民的生命财产带来极大的危害。对于过程装备，不论是动设备还是静设备，必须特别重视设备的密封问题，防止其泄漏，避免造成不必要的危害。

**(4) 必要的安全连锁保护装置**

随着科学技术的发展，现代过程工业生产装置中大多采用自动化控制、信号报警、安全联锁和工业电视等一系列先进安全手段。自动联锁与安全保护装置的采用，在过程装备工作出现异常情况时，会自动发出报警或自动采用安全措施，以防止事故的发生，保证安全生产。

例如，过程装备上安装的安全阀就是为了防止设备和容器内部压力超过限度而发生爆炸的安全装置。又如两种气体混合后进行化学反应，当混合气体的浓度接近爆炸极限时，安装在气体入口管道上的安全保护装置就会自动中断气体的输入，防止燃烧爆炸事故的发生。气体压缩机的油压过低保护装置，在运转时出现短时间油量减少或断油时，就会发出报警与停机联锁，确保压缩机的安全运行。

**(5) 合理的冗余**

设计者在进行过程装备设计时，要考虑到设备实际运行过程中的种种突发现象，进行合理设计。当设备运行条件稍有变化，比如温度、压力等条件有变化时，设备能完全适应并维持正常运行，以便在短时间内及时修复调整。同时使用厂家还应配备有专业知识、技术熟练、经验丰富的维修队伍。

综上所述，过程装备运行状况的好坏，将直接影响过程工业生产的连续性、稳定性和安全性。因此，为了保证安全生产，过程装备必须满足最基本的安全要求，确保过程装备的安全运行。

### 1.2.5 过程装备事故的预防

**(1) 强化故障预防**

在实际的过程工业生产过程中，过程装备故障是非常普遍的一种现象，也是无法避免的事情。就过程装备生产成本和使用寿命而言，过程装备的故障预防对提高生产安全性显得尤为重要，不仅能够及时发现存在的风险隐患，而且能够有效降低设备故障发生率。在故障预防过程中，维修人员要进行定期或不定期的主动检测，尽管设备维修能够确保机械设备正常运行，但却无法保证过程装备在长期生产过程中不会出现任何故障，所以要以预防为本，维修为辅，而主要的过程装备故障预防措施包括：

ⅰ. 利用现代化技术手段对传统落后的过程装备、生产系统加以升级转型，以提高过程装备的可靠性、安全性和高效性；

ⅱ. 定期开展故障检测工作，及时排除设备运行隐患；

ⅲ. 采取积极有效的预防措施，在确保设备正常运行的同时，有计划、有目的地开展预防工作；

ⅳ. 要强化预防意识，坚持以预防为本、维修为辅的原则。

在过程装备维护的过程中，要以过程装备实际运行状况为根本依据，尽量做到对达到使用年限的过程装备及时淘汰、不重复维修。

**(2) 强化巡回检查**

确保过程装备的良好运行，务必要加强设备的巡回检查工作。在进行巡回检查时，其巡检方法要遵循“听、闻、摸、比、看”的五字原则，来对设备的运行状态进行科学的检查工作，确保设备做到“四不漏”，即不漏电、不漏水、不漏气和不漏液。发现问题时，在作好记录的同时及时向上级部门汇报，通过有效及时的处理，避免设备故障的发生。

**(3) 强化故障检测**

在过程装备故障预防中，要积极利用现代化检测技术和手段对设备运行状态、零部件破损程度等信息加以及时全面的监测，然后将所得数据与常态下的数据作对比分析，进而实现对过程装备故障的高效检测，及时发现问题并予以处理。

**(4) 强化保养维修**

ⅰ. 必须要做好温度、压力、流量等测量设备的故障处理工作。保证测量设备在运行过程中不会出现异常情况。

ⅱ. 要及时对存在故障的设备加以维修。相关人员必须全面掌握过程装备运行原理、规律，掌握过程装备维护技能，不断提高自身的专业水平和技能素养。在实际的过程装备维修中，要结合现实状况，构建现代化管理模式，采取责任负责制，明确管理人员的职责，为设备高效可靠的维修奠定坚实基础。

通过对过程装备故障原因的调查结果分析，发现很大一部分的设备故障就是因为操作人员的操作不规范和个别操作人员的素质低下等人为因素造成的。所以要减少机械设备故障的出现，提高操作维修人员的技术水平和道德素质是一项重要的措施。企业可以定期组织操作维修员工，进行操作维修规范和操作维修技术学习培训，定期开展一些针对操作维修工人的知识技能交流会，使员工之间有一个互相学习的平台，通过彼此间的学习，大家可以更多地了解操作维修规范和系统故障的人为原因，更有利于其从自身做起，努力学习，做到懂知识、明规范、会维修，使广大一线员工提高全面的预防和排除常见设备故障的能力。

过程装备是过程工业发展的重要工具，也是促进过程工业发展的重要动力。因此，强化过程装备的保养和维修，加强过程装备管理，保障过程装备安全有效运转，对促进过程工业安全发展具有重要意义。

# 1.3 过程装备事故及危害

## 1.3.1 过程装备常见事故

按照过程设备破坏失效形式，其事故一般可分为爆炸事故、腐蚀破坏事故、泄漏事故三类。

**(1) 爆炸事故**

爆炸事故又分为物理爆炸和化学爆炸两种。

物理爆炸是指由于物质的物理变化即物质的状态或压力、温度发生突变而引起的爆炸。其爆炸前后物质的种类和化学成分均不发生变化。过程设备发生物理爆炸的情况通常有两种，一种是在正常操作压力下发生的，一种是在超压情况下发生的。正常操作压力下发生的过程设备爆炸，有的是在高应力下破坏的，即由于设计、制造、腐蚀的原因，设备在正常操作压力下器壁的平均应力超过材料的屈服极限或强度极限而破坏；有的是在低应力下破坏的，即由于低温、材料缺陷、交变载荷或局部应力的原因，设备在正常操作压力下器壁的平均应力低于或远低于材料的屈服极限而破坏。正常操作压力下发生的破坏常见于脆性断裂、疲劳断裂和应力腐蚀开裂。超压情况下发生物理爆炸而破裂，一般是由于没有按规定安装安全泄放装置或安全泄放装置失灵、液化气体充装过量而严重受热迅速膨胀、操作失误或违章超负荷运行等原因而引起的。这种破坏形式一般属于韧性断裂。发生物理爆炸时，一般升压速度都是比较快的，但是总有一段升压增压过程。

化学爆炸是指在设备内，物质发生极迅速、剧烈的化学反应而产生高温高压引起的瞬间爆炸现象。发生化学爆炸前后，物质种类和化学成分均发生根本的变化。

在过程工业生产中，发生的化学爆炸事故，绝大多数是爆炸性混合物爆炸。也就是可燃气体与空气混合达到一定的浓度后，遇火源而发生的异常激烈的燃烧，甚至发生迅速的爆炸。例如，2003 年 9 月，韩城某一万立方湿式煤气柜在检修时产生火花，引起化学爆炸，造成 6 人死亡，3 人受伤的较大生产安全事故。

**(2) 腐蚀破坏事故**

在过程工业生产中，参与化学反应的介质以及化学反应的生成物大多是有腐蚀性的。腐蚀会导致过程设备的金属壁变薄、变脆，还会造成过程设备的跑、冒、滴、漏，严重的情况会使过程设备破裂而引起燃烧爆炸。例如，1992 年 6 月 27 日，内蒙古某油脂化工厂因葵二酸车间水解釜水解生成的油酸对碳钢容器的腐蚀，使器壁减薄，强度降低，致使水解釜发生爆炸，造成 8 人死亡，14 人受伤。

腐蚀一般分为化学腐蚀和电化学腐蚀两种。

化学腐蚀是指金属与周围介质发生化学反应而引起的破坏。其特点是腐蚀过程中没有电流产生。

电化学腐蚀是指金属与电解质溶液间产生电化学作用而引起的腐蚀破坏。其特征是在腐蚀过程中有电流产生。

**(3) 泄漏事故**

在过程工业生产中，由于设备的密封不严、严重腐蚀穿孔、超压引起的设备与管道断裂等原因导致大量有毒、易燃气体或液体泄漏、溢出、喷出等而引起的事故。泄漏的有毒、易燃物质浓度超过一定量时，可造成中毒伤亡事故、燃烧爆炸事故等严重后果。例如，1997年6月4日，上海某化工厂氯气泄露，导致800多名市民不同程度中毒，814人被送入医院治疗，直接经济损失达2000多万元。

## 1.3.2 过程装备事故的危害

处在较为极端工况条件下的过程装备，一旦发生事故，除造成设备破坏外，还极易引发二次事故，造成更大的人员伤亡和财产损失。过程装备发生事故的直接危害主要有碎片打击、冲击波破坏、有毒气体、液体的毒害以及由此引发的二次爆炸伤害等。

**(1) 碎片的打击危害**

对于过程装备而言，无论是过程机器还是承压类设备，一旦发生事故，设备本体都有可能破碎成大小不等的碎片。过程机器的高速运转部件自身具有较大动能，而承压类设备本身等同于巨型炸弹，特别是发生化学爆炸和物理爆炸的设备，设备破裂后的碎片等同于弹片，在巨大的能量作用下，也会具有较大的动能。这些碎片在飞出过程中，可能会洞穿房屋，破坏附近设备和管道，并危及附近人员生命安全。

碎片飞散范围取决于多方面因素，比如碎片大小、形状、初速度、抛射角度和方向、风速等。结合以往事故经验，较小碎片有时甚至被抛出几百米的距离，较大碎片也有可能飞出近百米的距离。其中2005年山东某尿塔爆炸后一块近百吨重的碎块飞出八十余米的距离，并在地上砸出一个七八米深的大坑，见图1-1，由此可见碎片的破坏力和破坏范围。

图1-1 爆炸尿塔碎片

爆炸碎片除产生直接破坏外，一旦爆炸碎片击中周围设备或管道，又极易引发周围设备的破坏，进而引起连锁事故，造成更大的危害。

**(2) 冲击波危害**

承压设备发生爆炸时，其中80%以上的能量是以冲击波的形式向外扩散的，这是承压设备爆炸能量释放的主要形式。承压设备发生爆炸后，其瞬间产生的高温高压气体迅速由受限空间（设备内部）向四周快速运动，像一个大活塞一样在一定时间内快速推动周围空气，使其状态（压力、密度、温度等）发生突变，形成压缩波和波阵面在空气介质中以突进形式向前传播，这就是冲击波。

图 1-2　设备爆炸现场

在离爆炸中心一定距离的地方，空气压力会随着时间迅速发生变化，开始时压力突然升高，产生一个很大的正压力，之后迅速衰减，在很短时间内降至零，甚至是负压。如此反复循环几次，正压力逐渐降低，直至趋于平衡。冲击波产生的破坏主要是由开始时产生的最大正压力即冲击波波阵面上的超压 $\Delta p$ 引起的。

在承压设备爆炸中心附近，形成的冲击波超压 $\Delta p$ 值可以达到几个大气压，在这样的冲击波超压下，建筑物会被摧毁，设备和管道也会受到严重破坏，并造成人员伤亡。图 1-2 是某设备事故现场附近建筑物受爆炸冲击波作用后的损坏情况，从图中可清楚看到冲击波的破坏力。冲击波超压对建筑物和人体具体的伤害情况见表 1-1 及表 1-2。

表 1-1　冲击波超压对建筑物的损坏

| 超压 $\Delta p$/MPa | 破坏情况 | 超压 $\Delta p$/MPa | 破坏情况 |
|---|---|---|---|
| 0.005～0.006 | 门窗玻璃部分破碎 | 0.05～0.06 | 木建筑厂房柱折断 |
| 0.006～0.01 | 门窗玻璃大部分破碎 | 0.07～0.1 | 砖墙倒塌 |
| 0.015～0.02 | 窗框损坏 | 0.1～0.2 | 抗震混凝土破坏 |
| 0.02～0.03 | 墙壁裂缝 | 0.2～0.3 | 大型钢架构破坏 |
| 0.04～0.05 | 墙壁大裂缝,屋瓦飞落 | | |

表 1-2　冲击波超压对人体的伤害

| 超压 $\Delta p$/MPa | 破坏情况 | 超压 $\Delta p$/MPa | 破坏情况 |
|---|---|---|---|
| 0.02～0.03 | 轻微伤害 | 0.05～0.1 | 内脏严重损伤或死亡 |
| 0.03～0.05 | 听觉器官损伤或骨折 | >0.1 | 大部分人员死亡 |

冲击波波阵面超压的大小与爆炸能量及周围地形有关，因此，承压设备爆炸事故发生后，通过判断周围建筑物的破坏情况，也可以预估爆炸能量大小。

**(3) 有毒气体、液体的毒害**

过程装备所处理物料大多数具有毒性，例如液氨、液氯、二氧化硫、二氧化氮等气体和有害液体。当设备破裂后，有毒介质会发生泄漏，部分介质会流入地沟，造成严重的环境污染；部分介质汽化后，向周围扩散形成有毒蒸气云团，在空中飘移、扩散，笼罩很大空间，造成人和动物中毒，直接影响人们身体健康，甚至危及生命。毒物对人员的危害程度取决于有毒物质的性质、浓度和人员与有毒物质接触的时间等因素。人类历史上因为有毒气体泄漏扩散造成的惨痛案例层出不穷，最典型的是 1984 年印度博帕尔特大毒气外泄事故，其中 45 吨剧毒异氰酸甲酯泄漏，造成 2500 人中毒死亡，12.5 万人受到伤害，近 10 万人终身残疾，20 多万人被迫迁移。而在国内，因有毒气体扩散造成伤亡的事故也时有发生，如 2005 年无锡某化工厂氯气泄漏造成大量群众中毒住院治疗。

**(4) 二次爆炸伤害**

处理物料为可燃性介质的过程设备发生事故后，其内部介质蒸发成气体与周围空气混合，极易达到其爆炸极限，在外部明火的作用下，就可能发生燃烧爆炸，并引燃剩余介质。爆炸燃烧后的高温燃气与周围空气升温膨胀，形成体积巨大的高温燃气团，使周围很大区域变成火海，或者引起更强的冲击波破坏。

因此，保证过程装备安全运行，是关系到生命财产安全以及社会稳定的大事。这就需要对物料和设备结构进行更为详尽了解，对可能的危险做出准确的评估并采取恰当的对策，对过程装备的设计、制造、运行、管理提出更高的要求，确保过程装备安全运行。

## 1.4 过程装备安全人机工程

### 1.4.1 安全人机工程学概念

安全人机工程学是以人机工程学中的安全为着眼点，把人、机和人机结合面三个安全因素作为对象进行研究的。它以保证工作（包括各种活动）效率为必要条件，以追求实现人的安全（含健康）为目标，研究实现这一要求所需要的人机学理论、方法、手段和采取安全设备工程或其他工程措施的依据。

任何生产过程都离不开人、物、环境三个方面的因素，人包括从事生产活动的操作人员和各级管理人员；物包括生产中所用的物质（含原材料、辅助材料、催化剂、半成品、产品以及作为动力的能源）和机器设备（如机械设备、电气设备、控制系统和仪器仪表等）；环境则是指每个生产过程所处的作业环境和社会环境。三个方面因素构成了“人-物-环境”生产系统，每个因素就是生产系统的一个子系统。各个子系统都存在着一定的潜在危险因素，并在一定条件下会转变为事故，影响系统功能的正常发挥。大量事故的调查结果表明，事故基本上是由这三方面因素造成的。

在“人-物-环境”系统中，三个子系统相互联系、相互制约、相互影响，构成一个有机整体。例如，由于人对设备的设计、制造有缺陷或维修保养不良，使物（机器设备）存在着不安全状态；物的不安全状态又会在客观上造成人有不安全行为的环境条件；社会环境和作业环境影响着人的心理、生理特征，某些环境因素也会使物的性能发生变化，例如机器寿命和精度下降。因此，安全人机工程要从系统的观念出发，研究人、物、环境三个方面潜在的危险因素以及出现的条件和形成事故的规律，探讨控制危险、预防事故的有效对策和手段，提高系统的安全可靠性。

安全人机工程学研究的内容大体包括以下几点。

ⅰ. 研究人机之间分工及其相互适应问题。分工要根据两者各自特征，发挥各自的优势，达到高效、安全、舒适和健康的目的。

ⅱ. 研究信息传递过程。人与机器在操作过程中要不断传递信息，因此，机器上各种显示器、控制器要设计得适合于人使用。

ⅲ. 研究作业环境，创造安全的条件。生产场所有各种各样的环境条件，例如高温、高湿、振动、噪声、空气中的有害物质和工作地的状况等。这些因素都会影响人的健康。安全人机工程学研究的目标，是要将这些因素控制在规定的标准范围之内，使环境条件符合人的生理和心理要求，从而使操作者感到舒适和安全。

ⅳ. 研究安全装置。许多设备都有“危区”，若无安全装置、屏障、隔板、外壳将危区与人体隔开，便可能对人产生伤害。因此，设计可靠的安全装置，是安全人机工程学的任务。

ⅴ. 选择合适的操作者。人的个体差异，使操作者对工作的适应程度不同。在人事安排上，要研究人机关系的协调性，人适其职，才有利于安全生产。

ⅵ. 研究生产过程中，操作者疲劳的特点以及减轻疲劳和紧张度的措施。

ⅶ. 研究人机系统的可靠性，保证人机系统的安全。研究事故的预防和危险情况的控制。

安全人机工程学的主要任务是：研究工业灾害发生的原理及规律，分析、评价生产中可能发生的事故，采用工程技术方法和科学管理手段控制生产中的危险有害因素，防止伤亡事故、职业病、职业中毒以及其他各种事故发生，创建安全、卫生、舒适的劳动条件。

由于生产过程存在着各种各样不安全不卫生因素，这些因素引发事故的规律及预防事故的方法不完全相同，因此人机安全工程学研究的内容范围很广，这些内容归纳起来可分为以下三个方面。

**(1) 安全技术**

安全技术针对生产劳动过程中存在着的危险因素，研究采取怎样的技术措施将其消灭在事故发生之前，预防和控制工伤事故和其他各类事故的发生。它包括工艺、设备、控制等各个方面，例如变不安全的工艺流程和操作方法为安全的流程和方法，在设备上安装防护装置、保险装置，设置安全联锁、紧急停车等控制手段。

**(2) 劳动卫生技术**

劳动卫生技术是针对生产劳动过程中存在的长期作用于人体会引起机体器官发生病变，并导致职业中毒和职业病的有害因素，研究如何防治职业危害的技术措施。这方面的内容也称职业卫生。它包括防尘防毒、噪声治理、振动消除、通风采暖、采光照明，以及针对其他物理化学有害因素的防护、现场急救等。

**(3) 安全卫生管理**

安全卫生管理是指对安全生产所进行的计划、组织、指挥、协调和控制的一系列活动。它是从立法上和组织上采取措施，保护职工在劳动过程中的安全和健康。研究的内容主要有：制订安全生产的方针政策、法令法规（包括各种规程、规范、条例）和标准，使安全生产做到有法必依，有章可循，用法制的手段实施安全。

研究安全人机工程学的主要目的是：保护人的生命安全以及在生产活动中的身心健康，使职工在劳动中保持持久的劳动能力，提高劳动效率；保护设备财产不受损坏，使生产能安全、稳定、顺利地进行，以提高经济效益。

## 1.4.2 影响过程装备安全的人机因素

### 1.4.2.1 物的不安全状态

从保证过程装备本质安全出发，对在设计环节需考虑的正常寿命周期内的预期工况、各预期工况下的载荷对其进行正确地评价是保证过程装备在全寿命周期内本质安全的基础。

**(1) 预期工况分析**

在正常生命期内可能的工况主要有：耐压试验、运输、安装、运行、正常停工、非正常（紧急）停工、误操作、定期检验等。

**(2) 载荷分析**

承压设备在设计时须考虑的载荷主要有：重力载荷（设备自重、设备运输质量、设备吊装质量、设备操作质量、耐压试验质量)、压力载荷、温度载荷、风载荷、地震作用(载荷)、雪载荷和其他载荷(液柱压力、偏心载荷)等。

**(3) 工况和载荷组合及评价**

结合(2)所提及的工况及其所对应的载荷，对各种工况载荷的危险组合进行安全评价。

此外还有：安全设施、防电、防雷和防爆设施的管理，安全设施不能随意拆除，对废弃或长期停用设备内的危险化学品要及时进行彻底清洗，做好隔离与标识或转移到安全场所等。

### 1.4.2.2 人的不安全行为

人的不安全行为是指在生产装置或系统运行时，人为因素导致的失误。这里的人为因素是指与人本身有关的特征，包括生理、心理、精神、学识和技能等。

随着科学技术的迅速发展，工程系统已经变得高度精密和复杂，不仅带来了巨大的经济效益和社会效益，而且正改变着人们的工作方式。在近代大型化工、石化、动力、冶金等行业，仪表、自动化控制已成为主要的作业方式。人们的工作由传统的直接操作转化为通过计算机、自动化系统进行远程监控。硬件、软件作业的可靠性不断提高，装置运行环境也得到很大的改善。总的情况是安全生产的形势逐渐好转，事故发生频率呈明显下降趋势。

但是，纵观近年国内外发生的一些造成了严重的后果的重大事故，究其主要原因，有的是设备维修人员误操作和对自动化仪表检验、维修不利，有的是主管工程技术人员对系统真实情况判断失误，还有的是设计不完善以及违规操作、管理混乱等。先进的设施和复杂系统，归根到底还是依据人们的意志进行设计、制造和操作的，人是系统运行的决策者。尽管系统运行中自动化局部代替了人的行为，但人的功能具有不可替代性。系统自动化水平的提高，仅仅带来了人们失误性质的改变，由直接操作失误转变为对自动化系统检测、维护、管理等的间接失误；由人们疏忽、马虎等类型的失误，转变为知识技术型的失误，而疏忽类型的失误由自动化系统或连锁保护装置加以纠正。近年由于技术进步，系统或装置的安全状况虽然不断改善，但人因事故在总体事故中所占比例反而呈上升趋势，人为因素引起的事故已成为主要的事故源之一。

人因失误产生的原因主要包括如下几个方面。

**(1) 人承受的压力或负荷是影响人因失误的重要因素**

很明显，一个承受巨大压力的人，在工作中将会导致行为功效的降低和较高的失误率。图 1-3 表示人承受压力和人可靠度的关系。压力或负荷对人的工作并不完全是消极因素。实际上，中等压力有利于提高人的效率，达到人可靠度最高水平(失误率最低)；反之，如果人们在低压力下工作，任务简单、单调，其效率也不会很高。倘若压力过大，超过中等压力以上，人的效率将会显著下降，人可靠度也会相应地降低。适度的压力或负荷，可以激发人们保持足够的警觉，促使兢兢业业地工作，达到较低失误的境界。

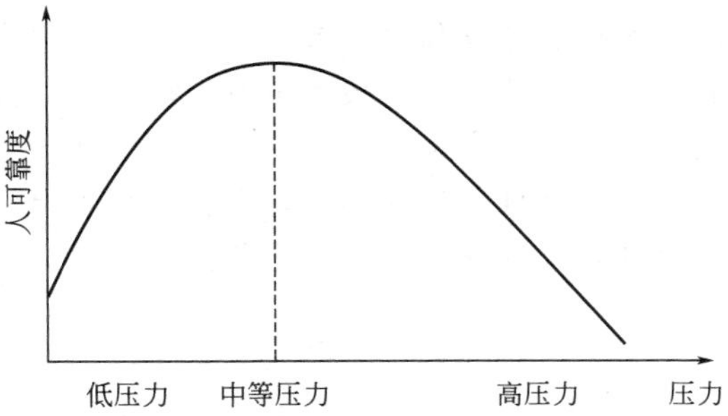


图 1-3 人可靠度与人承受压力关系示意图

人们承受的压力，一般由个人的心理、生理承受能力或职业刺激引起。前者如健康状况不佳、从事自己不屑于去做的工作、不具备完成现在任务的知识和技能等。后者所谓的职业刺激，包括在超负荷情况下，任务要求超过个人的能力；职业性质不适合，怀才不遇，没有施展自己才华的机会；工作重复不感兴趣；职业环境不佳，机构不健全，分工不明确，人际关系复杂；工作环境恶劣，噪声、采光不符合要求，粉尘、烟雾、空气污染等。

另外，影响人因失误并与人承受能力相关的因素还有人对外部现象的应对能力。在生产过程中，操作人员承受的压力或负荷过高或过低，都会偏离操作者的最佳状态；工作任务或工作环境的要求与操作人员的能力不相适应，会使操作人员的专长无从发挥，也会偏离操作者的最佳状态；装置运行中出现异常现象，操作人员意图纠正而未能取得预期效果等，这些都会使操作者无法应对。

为操作人员提供合适的感觉环境，适当的工作岗位设计和良好的工作条件，使人体所受到的负荷减少到适当的程度，最大限度地提高工作效率，保证人在生产过程中的安全，改善组织管理和决策方式，激发人员主人翁的责任感，注意消除使人员产生逆反心理的消极因素等，从某种意义上讲，这些都是提高人可靠性或减少人因失误的策略。

**(2) 人的行为与心理状态是影响人因失误的又一重要因素**

生产环境中的作业条件，形成对人感知的刺激，根据人的个性，刺激形成人的动作、语言、表情、思考等的行为反应，然后做出决策（行为完成），决策可能是正确的，也可能是错误的。

人的行为与人的心理状态息息相关。从事生产作业的人员在复杂的人、机、环境系统中，心理活动的反应对安全生产至关重要，心理不健康是导致人因失误的主要原因之一。

人因失误原因十分复杂，按照人们心理状态的差异可以概括为以下四个方面。

**信息输入失误**　信息输入过程即人的感知过程。信息刺激人脑，由于环境因素、心理因素和生理因素的干扰，造成作业者对外来信息识别的失误。

**信息处理失误**　信息处理是人将感知得到的信息，根据自身条件，如学识和经验进行推理、判断与决策等逻辑思维的过程。如果学识浅薄，经验不足，心里素质差，都会引起信息处理的失误。

**信息输出失误**　作业者素质差，对信息做出错误的处理，就会产生信息输出的失误。

**心理紧张的失误**　作业者的学识、经验、技术能力和管理水平均较正常的情况下，心理紧张造成人脑觉醒水平下降，从而引起行为完成的差错是人为失误的内在原因。

综上所述，人的不安全行为产生的原因非常复杂，表现形式各异，人因失误的预防也非常困难。在实际工作中，一般从技术和管理两个方面采取措施作出人因失误预防的决策。主要技术措施包括：计算机控制、仪表自动化操作与监控、设立冗余系统、采用连锁装置纠正人的误操作、建立预警系统以及提高人的警觉、减少失误等。核心措施是用硬件和软件去代替人的感官和体力，减缓人员直接操作的压力和生理、心理上的障碍。主要管理措施包括：提高人员安全技术素质，建立健全安全法规，开展不同形式的安全监察，杜绝违章指挥，加强装置维护管理并消除隐患，强化操作者自我预防失误的能力，严格控制人员的异常行为，对危险性较大的作业设置安全监护等。

# 第2章

# 过程装备安全检测

过程装备的安全检测可分为两大类：无损检测和健康检测。其中，无损检测技术是不破坏产品原始形状、不改变产品使用性能的检测方法。健康检测是结合设备运行、维护、管理和使用环境等信息，对涉及设备当前状态健康因素的全过程故障诊断和检测，包括对装备运行参数和环境的检测。

## 2.1 过程装备的无损检测

无损检测以不损坏被检测对象的使用性能为前提，以物理或化学方法为手段，借助相应的设备器材，按照规定的技术要求，对材料、零部件、结构件进行有效的检验和测试，借以评价它们的连续性、完整性、安全可靠性及某些特殊物理性能。无损检测的内容包括：检测材料或构件中是否存在缺陷，并对缺陷的形状、大小、方位、取向、分布和内含物等情况进行判断；提供材料或构件中的组织分布、应力形态以及某些机械和物理量等信息。

无损检测的方法很多，最常用的有射线检测 RT（radiographic testing）、超声检测 UT（ultrasonic testing）、磁粉检测 MT（magnetic particle testing）、渗透检测 PT（penetrate testing）、磁记忆检测 MMT（magnetic memory testing）、声发射检测 AET（acoustic emission testing）和红外线检测 IT（infrared testing）等。另外，还有各种新技术，如激光全息照相检测、声振检测等。

### 2.1.1 射线检测

射线检测包括 X 射线、$\gamma$ 射线和中子射线等检测手段。它是利用各种射线源对材料的投射性能及对不同材料射线的衰减程度不同，使底片感光成黑度不同的像素来观察缺陷的。射线检测用来检测产品的气孔、夹渣、铸造孔洞等立体缺陷以及与射线平行的裂纹缺陷。

射线检测的结果可作为档案资料长期保存，检测图像较直观，对缺陷尺寸和性质判断比较容易，适用于几乎所有的材料。因此，射线检测已经在化工、炼油、电站设备制造以及飞机、宇航、造船等工业中得到极为广泛的应用，对控制和提高产品的制造质量起了积极的作用，在现代工业中已经成为一种必不可少的无损检测方法。射线检测的缺点是当裂纹面与射线近似于垂直时，裂纹就很难检查出来；虽然对被检件中平面型缺陷（裂纹未熔合等缺陷）也具有一定的检测灵敏度，但与其他常用的无损检测技术相比，对微小裂纹的检测灵敏度较低；使用成本高于其他无损检测技术，其检验周期也较其他无损检测技术长；射线对人体有害，需要防护设备进行保护。

#### 2.1.1.1 射线检测的基本原理

射线检测是基于射线通过物质时的衰减规律，即当射线通过物质时，有缺陷部位与无缺陷部位对射线的吸收能力不同的原理。一般情况下，通过有缺陷部位的射线强度高于无缺陷部位的射线强度，因此，可以通过检测被检件后的射线强度差异来判断被检件中是否有缺陷存在。如图 2-1 所示，当一束强度为 $I_0$ 的射线平行通过被检件（厚度为 $d$）后，其射线强度的变化规律，射线强度将衰减为

$$I_d = I_0 e^{-\mu d} \tag{2-1}$$

如果被检测试件表面局部凸起，其高度为 $h$ 时，射线通过物体后的强度将衰减为

$$I_h = I_0 e^{-\mu(d+h)} \tag{2-2}$$

若被测试件内部存在某种缺陷，其厚度为 $y$，吸收系数为 $\mu'$，射线通过该缺陷部位后，强度衰减为

$$I_y = I_0 e^{-[\mu(d-y)+\mu' y]} \tag{2-3}$$

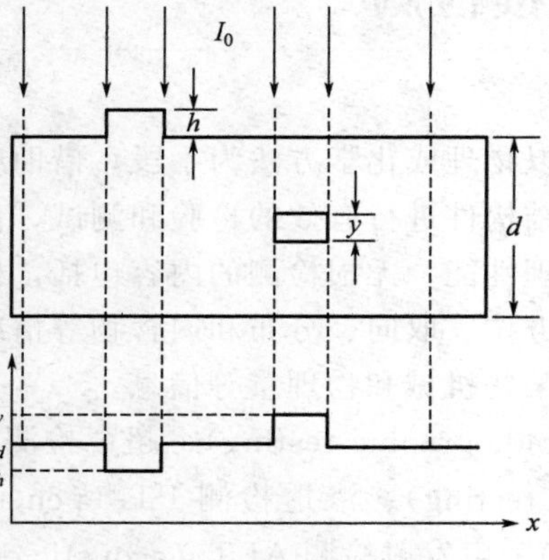

图 2-1 射线检测原理

若有缺陷部位的吸收系数小于被检件背身的吸收系数，即有 $\mu > \mu'$，则 $I_y > I_h > I_d$，这样就会在被检件的另一面形成射线强度不均匀的分布图。通过一定的方式将这种不均匀的射线强度进行照相或者转变为电信号指示、记录或显示，就可以评定被检件的内部质量，达到无损检测的目的。沿射线透照方向的缺陷尺寸越大，则有无缺陷处的强度差越明显，反映在胶片或显示器上的黑度差越大，缺陷越容易被发现。

#### 2.1.1.2 射线检测方法与技术

X 射线或 γ 射线照相检测，适用于铸件、焊接件以及非金属复合材料的质量检测。可发现铸件中的气孔、夹渣、疏松、针孔、偏析、裂纹、冷隔、欠铸和缩孔，以及焊件中的气孔、夹渣、裂纹、未焊透、未熔合、烧穿和焊漏等缺陷。目前，工业上应用的射线方法主要是照相法、电离检测法、荧光屏直接观察法、电视观察法等。

**(1) 照相法**

X 射线检测常用的就是照相法，利用射线感光材料（通常用射线胶片），将其放在被检件的背面接收通过被检件后的 X 射线。胶片曝光后经暗室处理，就会显示出物体的结构图像。根据胶片上影像的形状及其黑度的不均匀程度，就可以判定被检件中有无缺陷及缺陷的性质、形状、大小和位置。该种方法由于灵敏度高、直观可靠、重复性好，是 X 射线检测法中应用最广泛的一种常规方法。照相法工作的基本原理如图 2-2 所示。

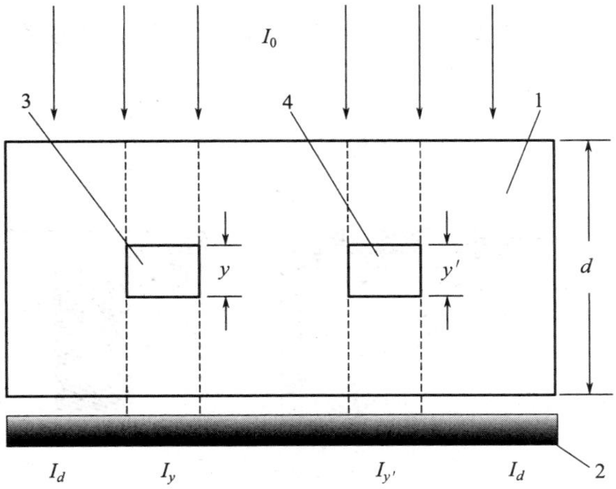


图 2-2　射线照相原理示意图

1—被检件；2—射线感光胶片；3—气孔（缺陷）；4—夹渣（缺陷）

射线照相检测设备主要包括 X 或 γ 射线探伤机、透度计、增光屏、感光胶片、观光灯、射线强度检测设备和暗室设备等。除此之外，还可能有被检件传送、标志工具等其他辅助设备。

**(2) 电离检测法**

当射线通过气体时，与气体分子发生撞击，部分气体分子失去电子而形成正离子，部分气体分子得到电子形成负离子，同时形成电离电流，这就是气体的电离效应。如果让穿过被检件的射线再通过电离室，就会在电离室内产生电离电流，不同的射线强度穿过电离室后产生的电离电流也不同。电离检测法就是利用检测电离电流的方法来测定 X 射线强度，根据射线强度的差异来判断被检件内部质量的变化。电离检测法工作的基本原理如图 2-3 所示。

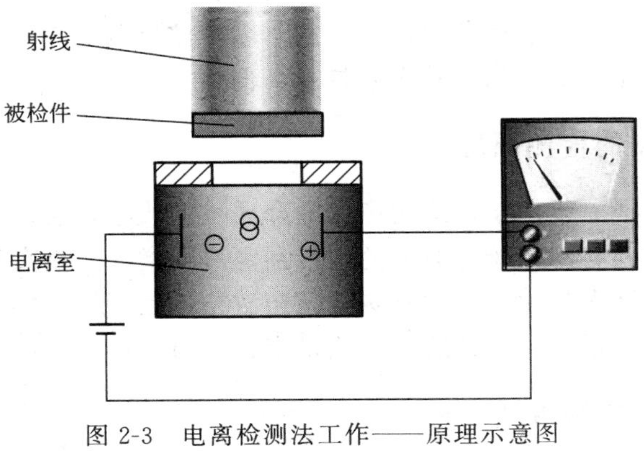


图 2-3　电离检测法工作——原理示意图

电离法检测时，用探头（即电离室）接收穿过被检件的射线，并转换为电信号，经过放大后输出。电离检测法自动化程度高，可采用多探头，效率高，成本低。但对缺陷性质的判断较为困难，只适用于形状简单、表面平整的被检件，因此，该方法的应用受到很大限制。

**(3) 荧光屏直接观察法**

荧光屏直接观察法是将透过被检件后的不同强度的射线投射在涂有荧光物质的荧光屏

上，激发出不同强度的荧光，利用荧光屏上的可见影像直接辨识缺陷。它所看到的缺陷影像与照相法在底片上得到的影像黑度相反，如图 2-4 所示。该方法成本低，效率高，可以连续检测，适用于形状简单、要求不严格的被检件检测。

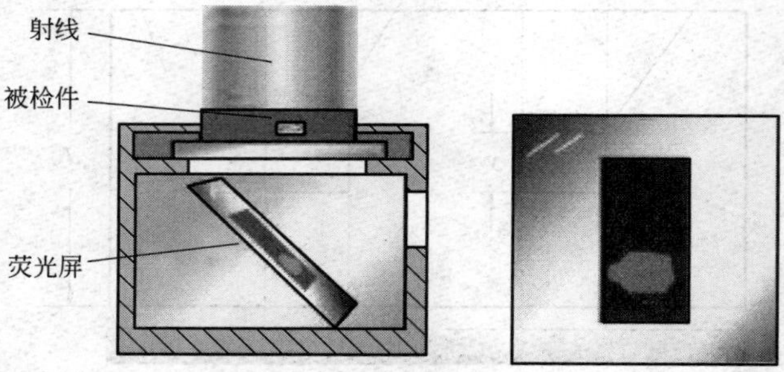


图 2-4　荧光屏直接观察法示意图

通过对荧光屏直接观察法的进一步发展，电视观察法将荧光屏上的可见影像通过光电倍增管增强图像，再通过电视设备显示，这种方法检测灵敏度比照相法低，对形状复杂的被检件检测较困难。

#### 2.1.1.3　射线检测常见缺陷

射线检测中对于缺陷的判断，需要操作人员长期的经验积累，要求评片者具有较好的理论知识，同时了解被检件的一般结构、工艺过程、缺陷可能产生的部位和形成原因等方面的基本知识。

### 2.1.2　超声检测

超声检测由于可检测的厚度大、成本低、速度快、对人体无害及对危害较大的平面型缺陷的检测灵敏度高等一系列优点而获得广泛应用。超声波检测的效果和可靠程度，主要取决于操作人员的责任心，工作时的精神状态和技术高低。

#### 2.1.2.1　超声波的检测原理

超声波在材料中传播时，由于传递超声波的介质发生改变，会发生超声波的反射、透射及折射。并且，超声波在材料中传递时，随着传播距离的增大，垂直于声路上的单位面积通过的声能会逐渐减弱，即发生超声波的衰减。超声波检测是利用材料及其缺陷的声学性能差异对超声波传播波形反射情况和穿透时间的能量变化来检验材料内部缺陷的无损检测方法。

#### 2.1.2.2　超声波检测方法

**(1) 超声检测设备和器材**

超声检测设备和器材包括超声波检测仪、探头、试块、耦合剂和机械扫查装置等，见图 2-5。超声检测仪和探头对超声检测系统的性能起着关键性的作用，是产生超声波并对经材料中传播后的超声波信号进行接收、处理、显示的部分。由这些设备组成一个综合的超声检测系统，系统的总体性能不仅受到各个设备的影响，还在很大程度上取决于它们之间的配合。随着工业生产自动化程度的提高，对检测的可靠性、速度提出了更高的要求，以往的手工检测越来越多地被自动检测系统取代。

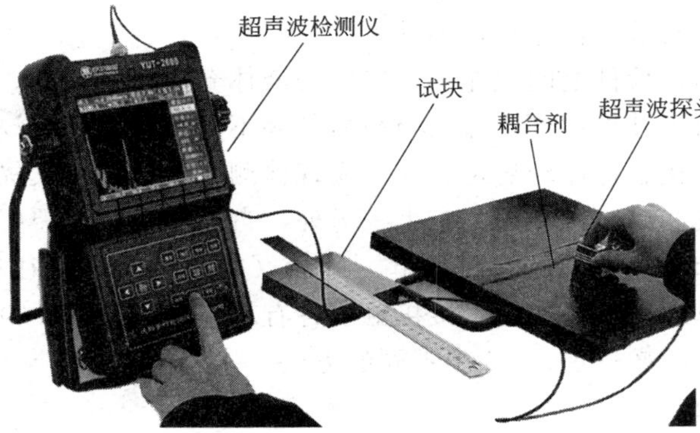


图 2-5　超声检测的主要设备和器材

**超声波检测仪**　超声检测的主体设备，是专门用于超声检测的一种电子仪器。其作用是产生电振荡并加于探头（换能器），激励探头发射超声波，同时将探头送回的电信号进行放大处理后以一定方式显示出来，从而得到被检件内部有无缺陷及缺陷的位置和大小等信息。

**超声波探头**　用于实现声能和电能的互相转换。它是利用压电晶体的正、逆压电效应进行换能的。探头是组成检测系统的最重要的组件，其性能的好坏直接影响超声检测的效果。超声波检测中由于被检件的形状和材质、检测的目的、检测的条件不同，因而要使用各种不同形式的探头。其中最常用的有接触式纵波直探头、接触式横波斜探头、双晶探头、水浸探头与聚焦探头等。一般横波斜探头的晶片为方形，纵波直探头的晶片为圆形，而聚焦声源的圆形晶片为声透镜。所以声场就有圆盘源声场、聚焦声源声场和斜探头发射的横波声场。

**试块**　与一般的测量过程一样，为了保证检测结果的准确性与重复性、可比性，必须用一个具有已知固定特性的试块对检测系统进行校准，这种试块是按一定的用途设计制作并具有简单形状的人工反射体。超声检测用试块通常分为两种类型，即标准试块（校准试块）和对比试块（参考试块）。

**耦合剂**　当探头和被检件之间有一层空气时，超声波的反射率几乎为100%，即使很薄的一层空气也可以阻止超声波传入被检件。因此，排除探头和被检件之间的空气非常重要。耦合剂就是为了改善探头和被检件间声能的传递而加在探头和检测面之间的液体薄层。耦合剂可以填充探头与被检件间的空气间隙，使超声波能够传入被检件，这是使用耦合剂的主要目的。除此之外，耦合剂有润滑作用，可以减少探头和被检件之间的摩擦，防止被检件表面磨损探头，并使探头便于移动。在液浸法检测中，通过液体实现耦合，此时液体也是耦合剂。常用的耦合剂有水、甘油、变压器油、化学浆糊等。

**(2) 超声检测方法**

超声检测的方法很多，可按原理、显示方式、波型、探头的数目、探头耦合方式及按入射角度来分类。按原理分类，有脉冲反射法、穿透法和共振法；按显示方式分类，有A型显示、B型显示和C型显示；按波型分类，有纵波法、横波法、表面波法和板波法；按探头数目分类，有单探头法、双探头法和多探头法；按耦合方式分类，有接触法和液浸法；按入射角度分类，有直射声束法和斜射声束法。

穿透法通常采用两个探头，分别放置在被检件两侧，一个将脉冲波发射到被检件中，另一个接收穿透被检件后的脉冲信号，依据脉冲波穿透被检件后幅值的变化来判断内部缺陷的情况。

脉冲反射法是由超声波探头发射脉冲波到被检件内部，通过观察来自内部缺陷或被检件底面的反射波的情况来对被检件进行检测的方法。

液浸法是在探头与被检件之间填充一定厚度的液体介质作耦合剂，使超声波首先经过液体耦合剂，而后再入射到被检件中，探头与被检件并不直接接触。液浸法中，探头角度可任意调整，声波的发射、接收也比较稳定，便于实现检测自动化，大大提高了检测速度。液浸法的缺点是当耦合层较厚时，声能损失较大。另外，自动化检测还需要相应的辅助设备，有时是复杂的机械设备和电子设备，它们对单一产品（或几种产品）往往具有很高的检测能力，但缺乏灵活性。总之，液浸法与直接接触法各有利弊，应根据被检件的具体情况（几何形状的复杂程度和产品的产量等），选用不同的方法。

**(3) 超声检测过程**

超声检测过程包括被检件的准备；检测条件的确定，包括超声波检测仪、探头、试块等的选择；检测仪器的调整；扫查；缺陷的评定；结果记录与报告编写。

#### 2.1.2.3 典型被检件的超声检测技术

**(1) 锻件检测**

锻件中的缺陷多呈现面积形或长条形的特征。由于超声检测技术对面积型缺陷检测最为有利，因此锻件是超声检测实际应用的主要对象。锻件中的缺陷主要来源于两个方面：材料锻造过程中形成的缩孔、缩松、夹杂及偏析等；热处理中产生的白点、裂纹和晶粒粗大等。锻件可采用接触法或液浸法进行检测。锻件的组织很细，由此引起的声波衰减和散射影响相对较小。因此，锻件上有时可以应用较高的检测频率（如10MHz以上），以满足高分辨力检测的要求，以及实现较小尺寸缺陷检测的目的。

**(2) 铸件检测**

铸件具有组织不均匀、组织不致密、表面粗糙和形状复杂等特点，因此常见缺陷有孔洞类（缩孔、缩松、疏松、气孔等）、裂纹冷隔类（冷裂、热裂、白带、冷隔和热处理裂纹）、夹杂类以及成分类（偏析）等。

铸件的上述特点，造成了铸件超声检测的特殊性和局限性。检测时一般选用较低的超声频率，如0.5～2MHz，因此检测灵敏度也低，杂波干扰严重，缺陷检出率较低。铸件检测常采用的超声检测方法有直接接触法、液浸法、反射法和底波衰减法。

**(3) 焊接接头检测**

许多金属结构件都采用焊接的方法制造。超声检测是对焊接接头质量进行评价的重要检测手段之一。焊缝形式有对接、搭接、T形接和角接等。焊缝超声检测的常见缺陷有气孔、夹渣、未熔合、未焊透和焊接裂纹等。

焊缝检测一般采用斜射横波接触法，在焊缝两侧进行扫查。探头频率通常为2.5～5.0MHz。发现缺陷后，即可采用三角法对其进行定位计算。仪器灵敏度的调整和探头性能测试应在相应的标准试块或自制试块上进行。

**(4) 复合材料检测**

复合材料是由两种或多种性质不同的材料轧制或粘合在一起制成的。其粘合质量的检测主要有接触式脉冲反射法、脉冲穿透法和共振法。

脉冲反射法适用于复合材料是由两层材料复合而成，粘合层中的分层多数与板材表面平行的情况。用纵波检测时，粘合质量好的复合材料产生的界面波会很低，底波幅度会较高；当粘合不良时，检测结果则相反。

**(5) 非金属材料的检测**

超声波在非金属材料（木材、混凝土、有机玻璃、陶瓷、橡胶、塑料、砂轮和炸药药饼等）中的衰减一般比在金属中的大，多采用低频率检测。一般为20～200kHz，也有用2～5MHz的。为了获得较窄的声束，需采用晶片尺寸较大的探头。塑料材料的检测一般采用纵波脉冲反射法；陶瓷材料可用纵波和横波检测；橡胶检测频率较低，可用穿透法检测。

## 2.1.3 磁粉检测

磁粉检测方法既可用于板材、型材、管材及锻造毛坯等原材料及半成品或成品表面与近表面质量的检测，也可用于过程装备的定期检查。但该方法仅局限于检测能被显著磁化的铁磁性材料（Fe、Co、Ni及其合金）及由其制作的被检件表面与近表面缺陷。不能用于抗磁性材料（如Cu）及顺磁性材料（如Al、Cr、Mn）等非磁性材料的检测。

### 2.1.3.1 磁粉检测的基本原理

铁磁性材料和被检件被磁化后，由于不连续性的存在，使被检件表面和近表面的磁力线发生局部畸变而产生漏磁场，吸附施加在被检件表面的磁粉，形成在合适光照下目视可见的磁痕，从而显示出不连续性的位置、形状和大小。

当被检件被磁化后，在被检件表面喷洒微颗粒的磁粉，如果被检件没有缺陷，则磁粉在被检件表面均匀分布。当被检件上有缺陷时，由于缺陷（如裂纹、气孔、非金属夹杂物等）内含空气或非金属，其磁导率远远小于被检件的磁导率。由于磁阻的变化，位于被检件表面或近表面的缺陷处产生漏磁场，形成一个小磁极，如图2-6所示。磁粉被小磁极所吸引，缺陷处由于堆积比较多的磁粉而被显示出来，形成肉眼可见的缺陷图像。为了使磁粉图像便于观察，可以采用与被检件表面有较大反衬颜色的磁粉。常用的磁粉有黑色、红色和白色。为了提高检测灵敏度，还可以采用荧光磁粉，在紫外线照射下更容易观察到被检件中存在的缺陷。

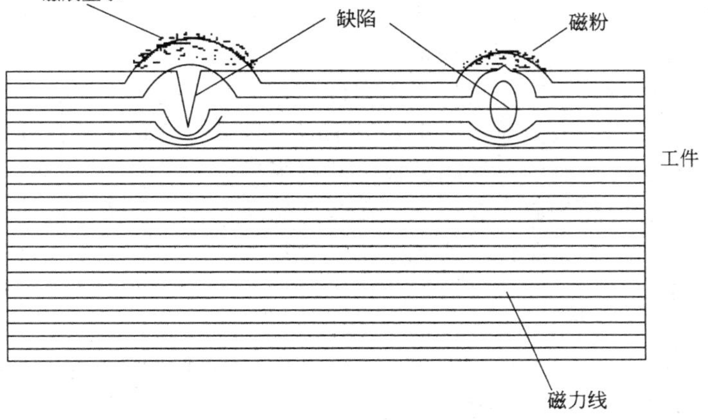


图2-6　不连续性处的漏磁场和磁痕分布

### 2.1.3.2 磁粉检测方法

**(1) 磁化方法**

磁粉检测对被检件的磁化方法有两种。一种是对被检件直接通电，使电流通过贯穿被检件中心孔的导体，建立一个环绕被检件并与被检件轴垂直的闭合磁场，磁力线具有闭合形状，形成周向磁化。周向磁化主要用于发现与被检件平行的缺陷，即与电流方向平行的缺陷。对大多数被检件，周向磁化比较容易控制。常用的周向磁化法有轴向通电法、触头法、中心导体法和平行电缆法。另一种是将电流通过环绕被检件的线圈，使被检件沿纵长方向磁化的方法，被检件中的磁力线平行于线圈的轴心线。但该方法容易受被检件外部强磁场的影响以及反磁场的影响。

**(2) 磁粉检测机**

磁粉检测机由主体装置和附属装置组成。主体装置也称为磁化装置。磁化装置有多种型式，如降压变压器式、蓄电器充放电式、可控硅控制单脉冲式、电磁铁和交叉线圈式。在固定式磁粉检测设备中，用得比较多的是降压变压器式。而在携带式小型磁粉检测设备中用得比较多的是电磁铁式。

磁粉检测机按使用要求可分为固定式、移动式和可携带手提式磁粉检测机。固定式磁粉检测机的尺寸和重量较大，可对被检件分别实施周向、纵向磁化和周向、纵向联合磁化，还可进行交流或直流退磁。固定式磁粉检测机一般都用磁悬液显示被检件缺陷，带有一对与电缆相接的磁锥，用来对大工件局部磁化或绕电缆法检测，具有机动性。一般采用磁化电流为4000～6000A的交流电或直流电，电流最高可达20000A。

移动式磁粉检测机具有比较大的灵活性和良好的适应性，可在工作场地许可的范围内自由移动，便于检测不容易搬动的大型被检件，采用的磁化电流为1500～4000A的半波整流电或交流电。可携带手提式磁粉检测机灵活性最大，适用于野外和高空操作，缺点是磁场强度比较小，磁化电流一般为750～1500A半波整流电或交流电。

**(3) 磁粉与磁悬浮液**

磁粉是一种由高磁导率和低矫顽力材料组成的粉末状微粒。常用的有黑色、棕色和表面涂有银白色或荧光物质的磁粉，可根据被检件表面颜色的不同来选择使用。磁粉检测按显示方法的不同可分为湿粉显示和干粉显示两种。

湿粉显示法是先把磁粉配制成一定浓度的水磁悬浮液或油磁悬浮液。检测时磁悬液均匀地喷洒在被检件表面，被检件表面上缺陷处的漏磁将吸附磁粉，形成磁痕而显示出缺陷。由于操作简单，灵敏度高，这种检测方法得到广泛应用。

干粉显示法用的磁粉必须充分干燥，被检件表面也必须充分干燥，否则由于磁粉流动性差，不容易均匀分布而影响缺陷显示。干粉显示时，将磁粉喷雾于被检件表面后，再将没有被吸引的剩余磁粉吹去，所剩的是缺陷处被漏磁吸附形成的磁痕。

荧光磁粉表面涂有荧光物质，荧光磁粉在紫外光激发下呈现黄绿色荧光，色泽鲜明，容易观察，能提高检测速度和可靠性。荧光磁粉一般只用于湿法显示。

### 2.1.3.3 磁粉检测技术

磁粉检测工艺流程包括表面预处理、被检件磁化（含选择磁化方法和磁化规范）、施加磁粉或磁悬液、磁痕分析及评定、退磁和探后处理等。

**表面预处理** 被检件的表面状态对磁粉检测的灵敏度有很大的影响。例如，光滑的表面有助于磁粉的迁移，而锈蚀或油污的表面则相反。为了能获得满意的检测灵敏度，检测前应对被检表面做干燥、除锈以及去除表面局部涂料（避免因触点接触不良产生电弧灼伤被检表面）的预处理。

**磁化** 磁化时根据检测装置的特性，被检件的磁特性、形状、尺寸、表面状态、缺陷性质等，确定施加磁粉的磁化时期以及需要的磁场方向和磁场强度，然后选定磁化方法、磁化电流的种类、电流值及有效检测范围。施加磁粉时，应将适量的磁粉分布均匀在有效检测范围的检测面上，使之吸附在缺陷部位，此时必须使检测面不再被磁粉沾污，以形成对比良好的缺陷磁痕。为此，应根据被检件的磁特性、形状、尺寸、表面状态、磁化方法及检测环境，选择合适的磁粉和分散剂种类、磁悬液浓度以及磁粉施加方法。

**磁痕观察** 必须在磁痕形成后立即进行，采用非荧光磁粉时，必须在能清楚识别磁痕的自然光或灯光下进行观察（观察面亮度应大于500lx）。采用荧光磁粉时，要采用黑光灯照射装置，该装置辐射波长为320～400nm，距离被检件表面380mm，在能清楚识别荧光磁痕的亮度下进行观察（观察面亮度小于20lx）。

**退磁** 退磁场强度必须大于磁化时的电流值或从被检件的饱和磁场强度开始，使施加的磁化方法交替变换，并逐步减少到零。退磁装置应能根据被检件的用途将剩磁减小到指定的限度，剩磁感应强度应低于0.3mT。

**探后处理** 磁粉检测以后，应清理掉表面上残留的磁粉或磁悬液。油磁悬液可用汽油等溶剂清理；水磁悬液应先用水进行清洗，然后干燥。如有必要，可在备检表面上涂敷防护油。干粉可以直接用压缩空气清除。

## 2.1.4 渗透检测

渗透检测是一种检测被检件表面或近表面开口缺陷的无损检测技术。它几乎不受被检件的形状、大小、组织结构、化学成分和缺陷方位的限制，可广泛适用于锻件、铸件、焊接件等各种加工工艺的质量检验，以及金属、陶瓷、玻璃、塑料、粉末冶金等各种材料制造的零构件的质量检测。渗透检测受被检物体表面粗糙度的影响较大，不适用于多孔材料被检件的检测。

**(1) 渗透检测的基本原理**

渗透检测是一种以毛细作用原理为基础的检测技术，主要用于检测非疏孔性的金属或非金属零构件的表面开口缺陷。将溶有荧光染料或着色染料的渗透液施加到被检件的表面，由于毛细作用，渗透液渗入到细小的表面开口缺陷中，清除附着在被检件表面的多余渗透液，经干燥后再施加显像剂，缺陷中的渗透液在毛细现象的作用下被重新吸附到被检件表面上，就形成放大了的缺陷显示，即可检查出缺陷的形貌和分布状态。

**(2) 渗透检测仪器**

渗透检测仪器主要包括渗透液、清洗液、乳化剂与显像液、试块、渗透检测装置等。

**渗透液** 渗透液应具有的性质：润湿性能好；渗透能力强，渗透速度快；色泽好，对比度高；化学稳定性好；闪点燃点高，安全性好；不易挥发，容易清除；对被检件无腐蚀，对人体无害，价格合理。常见的渗透液有着色渗透液和荧光渗透液，并分别包括水洗型渗透液、后乳化型渗透液和溶剂去除型渗透液。渗透液选择应遵循以下原则：灵敏度满足检测要求；渗透液对被检件无腐蚀；价格低，毒性小，易清洗；化学稳定性好，能长期使用；使用安全，不易着火。

**清洗液、乳化剂与显像液** 清洗液用来去除被检件表面多余的渗透液，包括水、乳化剂和水、有机溶剂。清洗液应对渗透液中的染料有较大的溶解度，与渗透溶剂有良好的互溶性，且不与渗透液起化学反应，不应猝灭荧光染料的荧光。乳化剂用于乳化不溶于水的渗透液，使其便于用水清洗。乳化剂要求乳化效果好，化学性质稳定，对被检件无腐蚀，对人体无害，颜色与渗透液有明显区别，凝胶作用强，便于清洗。显像液将缺陷内的渗透液吸附出来，形成清晰的缺陷图像，显示缺陷。显像液包括吸附剂、溶剂、限制剂和附加成分。根据使用方式不同，显像液分为干式、湿式和速干式三种。

**试块** 试块也称灵敏度试块，带有人工缺陷或自然缺陷，用于衡量渗透检测灵敏度的器材。主要作用包括灵敏度试验，工艺性试验，鉴别各种检测试剂的性能，确定渗透检测的工艺参数，比较不同工艺操作的灵敏度。常用试块主要有铝合金淬火裂纹试块、不锈钢镀铬裂纹试块、黄铜镀铬裂纹试块以及其他灵敏度试块。

**渗透检测装置** 渗透检测装置包括携带式装置和固定式渗透检测装置。其中黑光灯是荧光检测的必备装置，也称水银石英灯，它由高压水银蒸气弧光灯、紫外线滤光片和镇流器组成。

**(3) 渗透检测技术**

渗透检测的一般工艺过程包括预清理、渗透、乳化、清洗、干燥、显像、观察、后处理、记录与报告。

**预清理** 预清理去除被检件表面的油污、铁锈、氧化皮、油漆、飞溅物、腐蚀物等。采用手段有机械清理、化学清理、溶剂清洗及其他清除方法，被检件表面预清理范围是外扩 25mm。

**渗透** 温度一般在 15～40℃。渗透时间是指渗透液充分渗入缺陷所需的时间，包括施加渗透液的时间和滴落时间，它与渗透液的种类、缺陷性质、渗透液温度有关，一般为 5～20min。采用的方法有喷涂法、刷涂法、浸涂法和浇涂法。

**乳化** 主要作用于后乳化型渗透液，乳化处理使多余的油性渗透液表面张力降低，遇水形成水包油型乳化液，便于被水清洗；使缺陷处的渗透液由于凝胶作用而保留完好。乳化时间与乳化液性能、渗透液多少、表面粗糙度等因素有关，一般为 5min。

**清洗** 在达到规定的渗透时间以后用清洗液、水或有机溶剂将被检件表面多余的渗透液去除干净。包括水洗型渗透液和后乳化型渗透液的去除。

**干燥** 在干式显像、速干式显像时，被检件在清洗干燥后再施加显像剂；湿式显像时，被检件清洗后直接施加显像液，然后进行干燥。干燥温度与被检件材料和所用的渗透液有关，应通过试验确定，金属不超过 80℃，塑料在 40℃以下。干燥时间原则上越短越好，不宜超过 10min。

**显像** 显像是指在被检件表面施加特定显像液，利用毛细管作用将缺陷内残留的渗透液吸附出来，形成清晰的缺陷图像。渗透检测中，常用的显像方式有干式显像、速干式显像、湿式显像和自显像等几种。显像时间是指利用显像剂将缺陷内残留的渗透液吸附出来显示缺陷所需要的时间，一般为 7～30min。显像时间的长短取决于显像剂和渗透液的种类。

**观察检查** 观察检查应在施加显像剂之后 10～30min 内进行，检测应在白光下进行，显示为红色图像；荧光检测应在暗室内进行，缺陷为明亮的黄绿色图像。

**(4) 检测缺陷的评定**

渗透检测常检出缺陷有裂纹、气孔、疏松、冷隔、折叠、未熔合和未焊透。

**裂纹** 常见有焊接裂纹、铸造裂纹、淬火裂纹、磨削裂纹以及疲劳裂纹等。

焊接裂纹包括热裂纹和冷裂纹。热裂纹一般呈红色曲折的波浪状或锯齿状的，或者是明亮的黄绿色线条；火口裂纹呈星状，较深的火口裂纹有时会显示成圆形。冷裂纹的显示一般呈直线状红色或明亮的黄绿色线条，中部稍宽，两端尖细，颜色（亮度）逐渐减淡，直到最后消失。

铸造裂纹的热裂纹出现在应力集中的区域，一般比较浅，其渗透检测时的显示特征和焊接热裂纹相同；冷裂纹出现在界面突变的区域，其渗透检测时的显示特征和焊接冷裂纹相同。若铸造裂纹过深，往往会显示呈圆形。

淬火裂纹一般产生于热处理过程中，起源于应力集中的区域，渗透检测中呈红色或明亮黄绿色的细线条，呈线状、树枝状或网状，裂纹起源处宽度较宽，随延伸方向逐渐变细。

疲劳裂纹长期受交变应力的作用，往往从被检件上的划伤、刻槽及表面缺陷处开始。渗透检测时，裂纹呈线状和曲线状，随延伸方向逐渐变细。

磨削裂纹是加工过程中，由于表面局部过热或碳化物偏析等原因，在加工应力作用下产生的裂纹。一般较浅，渗透检测时一般呈断续的条纹、辐射状或网状的条纹。

**气孔**　液体渗透检测中的气孔包括铸造气孔和焊接气孔。铸造气孔渗透检测时，表面气孔的显示一般呈圆形、椭圆形或长圆条形的红色亮点或黄绿色荧光亮点，并均匀地向边缘减弱淡化。焊接气孔渗透检测中的显示与铸造气孔类似。

**疏松**　疏松在渗透检测中呈密集点状、密集短条状、聚集的块状，且散乱分布。而每个点、条、块的显示又由很多个靠的很近的小点显示连成一片而形成。

**冷隔**　渗透检测时，冷隔的显示有时呈粗大且两端圆秃的光滑线状，有时呈紧密、连续或断续的光滑线条。

**折叠**　折叠与被检件结合紧密，渗透液的渗入较为困难，要采用高灵敏度的渗透液和较长的渗透时间。折叠显示为连续或断续的细线条。

**未熔合**　渗透检测只有当坡口未熔合延伸至表面时，才能发现这种缺陷，其显示为直线或椭圆形的条状。

**未焊透**　渗透检测仅能发现根部未焊透，其显示为一条连续或断续的线条，宽度一般较均匀。

### 2.1.5　磁记忆检测

磁记忆检测能够对铁磁金属构件内部的应力集中区，即微观缺陷、早期失效和损伤等进行诊断，防止突发性的疲劳损伤，是迄今为止对金属部件进行早期诊断唯一行之有效的一种无损检测新方法。

**(1) 磁记忆检测的基本原理**

铁磁体被检件在地磁场的作用下，由于运行过程中受工作载荷的作用，材料内部磁畴的取向会发生变化，并在地磁环境中表现为应力集中部位的局部磁场异常，亦形成所谓的“漏磁场”，并在工作载荷消除后仍然保留。铁磁性金属材料的自磁化现象和残磁状况同机械应力有直接联系，称为磁机械效应。在外应力和地磁场共同作用下，铁磁被检件内产生的晶粒转动和磁致伸缩逆效应会引起材料宏观磁特性的不连续性分布，在应力撤除后，由应力集中所造成的材料在该区域宏观磁特性的不连续性得到保留，这种现象称为磁记忆效应。

**磁记忆检测原理**　当处于地磁场环境中的铁磁被检件受到外部载荷作用时，在应力集中区域会产生具有磁致伸缩性质的磁畴组织定向和不可逆的重新取向，该部位会出现磁畴的固定节点，产生磁极，形成退磁场，从而使此处铁磁被检件的导磁率最小，在被检件表面形成漏磁场。该漏磁场强度的切向分量 $H_p(x)$ 具有最大值，而法向分量 $H_p(y)$ 改变符号并具有零值。这种磁状态的不可逆变化在工作载荷消除后依然“记忆”着应力集中的位置。磁记忆检测原理见图 2-7。基于金属磁记忆效应的基本原理制作的检测仪器，通过记录垂直于被检件表面的磁场强度分量沿某一方向的分布情况，可以对被检件的应力集中程度以及是否存在微观缺陷进行评价。

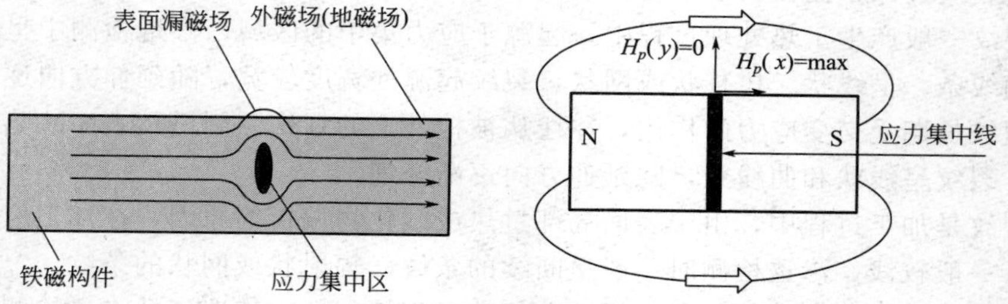


图 2-7 应力集中区漏磁场分布图

相对于传统的无损检测技术，磁记忆检测技术不仅可以发现宏观上的缺陷，具有传统检测方法的检测功能，并且可以大概指示出微观缺陷的应力集中部位，从而具有早期诊断和预警能力。其主要优点为：检测时探头采用非接触方法，不需要对被检件进行任何表面清理或预处理，被检件表面的铁锈、油污或镀层等不会影响检测效果，仅适合于现场检测；能检测缺陷并反映出应力集中区域，评价其危险程度；对正在运行的设备和检测维修的设备都能检测；适合于铁磁性的材料，检测速度快，检测准确；设备轻便、操作简单、灵敏度高于其他磁性方法，并且重复性与可靠性好，基本不受设备结构和现场环境影响。

**磁记忆检测法的主要用途** 确定被检件的应力应变状态的不均匀性和应力集中区；确定在应力集中区的金属取样位置以评估金属结构状态；早期诊断疲劳损坏和评估被检件的寿命；利用与常规无损检测方法结合来减少检测成本与材料成本；各种类型的焊接质量控制(包括接触焊与点焊)；通过被检件的不均匀性对新生产与在用的机械制造产品实施快速分类等。

**(2) 磁记忆检测仪器**

EMS-2000 智能磁记忆金属诊断仪是根据磁记忆效应原理，采用微电子技术、计算机技术和磁记忆检测技术研制而成的新一代无损检测仪器。实验证明，在交变载荷的作用下，在役铁磁性件的缺陷和夹杂部位会产生磁畴归一现象，并在其上出现漏磁场。在缺陷位置及内应力相对集中的地方，金属导磁率小，其磁场切向分量具有最大值，而法向分量则改变符号，具有零值。对被检件表面漏磁场法向分量进行扫描检测，便可确定应力集中区域，从而间接地判断该铁磁性被检件是否存在缺陷。该仪器可用于锅炉、压力容器、压力管道、叶片、轴承、铁轨、齿轮对焊接部位及其他铁磁性金属零构件的检测。

EMS-2000 智能金属磁记忆诊断仪轻便实用，有串、并行口，方便与外界的通信，并配有专用的数据分析软件（M3DPS)，可在电脑上显示处理有关的检测信息。该仪器适用于－25～＋60℃的工作环境，对北方冬天气候也同样适应。

**(3) 磁记忆检测技术发展现状及局限性**

对磁记忆检测机理研究方面，有从电磁学角度出发的电磁感应说，即铁磁性材料垂直于地磁场作用方向的横截面积，在定向应力作用下会发生应变，因而通过此横截面的磁通量会发生变化。由电磁感应定律知，该截面上必然产生感应电流，并激励出感应磁场使被检件磁化。又如基于铁磁学基本理论的能量平衡说，即磁记忆效应产生的内在原因是金属组织结构的不均匀性，材料内部不均匀处会出现位错，在地磁场环境中施加应力，则会出现滑移运动，其结果会引起位错的增加，产生很高的应力能。能量平衡的结果，使得铁磁被检件内部磁畴的畴壁发生不可逆的重新取向排列，由于铁磁被检件内部存在多种内耗效应，使得动载荷消除后，在金属内部形成的应力集中区得以保留。为抵消应力能，磁畴组织的重新排列也会保留下来，并在应力集中区形成类似缺陷的漏磁场分布形式，即磁场的切向分量为最大值，而法向分量符号发生改变，且具有过零值点。

磁记忆检测技术能否得到有效应用的关键是检测设备。而检测设备的核心是磁敏传感器的研制。很多敏感器件如霍尔磁敏元件、铁磁线圈和磁敏电阻等，从原理和技术指标衡量，都可以应用于磁记忆传感器的研制。继俄罗斯动力诊断公司推出第一台磁记忆检测传感器后，国内已经相继推出了基于霍尔元件的磁记忆传感器和基于磁敏电阻的磁记忆传感器。进行针对弱磁测量的传感器研制，是磁记忆检测技术研究的一个重要方面。

目前，磁记忆检测法在拥有广阔应用前景的同时，其基础理论和检测手段都有待完善，尚存在磁记忆现象明确而机理模糊、检测标准未定量化、对“危险区”的评判手段仍不完善等诸多急需解决的问题，还需进行以下方面的研究。

首先是加强磁记忆检测技术的机理研究。从目前已有的资料来看，尽管有一些文献探讨磁记忆检测机理，但还没有达到十分透彻和系统的程度，没有形成较完整严密的理论体系。这方面的研究涉及磁性物理学、铁磁学、金属材料学、弹塑性力学、断裂力学、磁弹性理论、信号与系统分析等多个学科的知识。

其次是开展磁记忆检测的定量化研究。在无损检测技术中，缺陷的定量检测是一个十分重要的问题。磁记忆效应实质上是一种广义的漏磁场效应，和漏磁检测一样，也应该可以进行定量化研究。但总体说来，这方面的研究还有待于深入，对于缺陷大小、形状和磁记忆参数之间的关系，还未有系统的实验研究。

再次是系统开展磁记忆效应的机理性实验研究。在进行磁记忆机理研究时，可以更系统地开展实验研究，总结实验结果，归纳经验公式。

### 2.1.6 声发射检测

材料的范性形变（固体受外力作用而使各点间相对位置改变，当外力撤销后，固体的形状或多或少有保留却不能完全复原的形变）、马氏体相变、裂纹扩展、应力腐蚀以及焊接过程产生裂纹和飞溅等，都有声发射现象，通过检测声发射信号，就可以连续监视材料内部变化的整个过程。因此，声发射检测是一种动态无损检测方法。

声发射是指材料或结构受内力或外力作用产生形变或破坏，并以弹性波形式释放出应变能的现象。声发射要具备两个条件：第一，材料要受外载荷的作用；第二，材料内部结构或缺陷要发生变化。

**（1）声发射检测原理及特点**

声发射是一种常见的物理现象，大多数材料变形和断裂时都有声发射现象产生，如果释放的应变能足够大，就产生可以听得见的声音，如在耳边弯曲锡片，就可以听见噼啪声，这是锡受力产生孪晶变形的声音。对于金属而言，实际金属晶体存在着各种各样的缺陷，当晶体内沿某一条线上的原子排列与完整晶格不同时就会形成缺陷。高速运动的位错产生高频率、低幅值的声发射信号，而低速运动的位错则产生低频率、高幅值的声发射信号。据估计，100～1000个位错同时运动可产生仪器能检测到的连续信号，几百到几千个位错同时运动时可产生突发型信号。

声发射检测的主要目标是：确定声发射源的部位，分析声发射源的性质，确定声发射发生的时间或载荷，评定声发射源的严重性。一般而言，对超标声发射源，要用其他无损检测方法进行局部复检，以精确确定缺陷的性质与大小。

声发射技术与其他无损检测方法相比，具有两个基本差别：检测动态缺陷而不是静态缺陷，如缺陷扩展。检测缺陷本身发出缺陷信息，而不是用外部输入对缺陷进行扫查。这种差别导致该技术具有以下优点和局限性。

声发射检测技术的优点如下：

ⅰ. 可检测对结构安全更为有害的活动性缺陷。由于提供了缺陷在应力作用下的动态信息，因此适于评价设备在役状态缺陷对结构的实际有害程度。

ⅱ. 对大型构件，可提供整体范围的快速检测。由于不必进行繁杂的扫查操作，只要布置好足够数量的传感器，经一次加载或实验过程，就可以确定缺陷的部位，易于提高检测效率。

ⅲ. 可提供缺陷随载荷、时间、温度等外变量而变化的实时或连续信息，因而适用于工业过程的在线监控及早期或临近破坏的预报。

ⅳ. 可用于其他方法难于或不能接近环境下的检测，如高低温、核辐射、易燃、易爆及剧毒等环境。

ⅴ. 由于对被检件的几何形状不敏感，因此适宜检测其他检测方法受到限制的形状复杂的被检件。

ⅵ. 对于在役压力容器的定期检验，声发射检测方法可以缩短检验的停产时间或者不需要停产。

ⅶ. 对于压力容器的耐压试验，声发射检测方法可以预防由未知不连续缺陷引起的系统灾难性失效和限定系统的最高工作压力。

声发射检测技术的局限性如下：

ⅰ. 声发射特性对材料甚为敏感，又易受到机电噪声的干扰，因此，对数据的正确解释要有更为丰富的数据库和现场检测经验。

ⅱ. 声发射检测一般需要适当的加载程序，多数情况下，可利用现成的加载条件，但有时还需要特殊准备。

ⅲ. 由于声发射的不可逆性，实验过程的声发射信号不可能通过多次加载重复获得，因此，每次检测过程的信号获取是非常宝贵的，应避免因人为疏忽而造成数据的丢失。

ⅳ. 声发射检测所发现的缺陷的定性定量，仍需依赖于其他无损检测方法。

**(2) 声发射检测方法**

目前采集和处理声发射信号的方法可分为两大类。一种为以多个简化的波形特征参数来表示声发射信号的特征，然后对这些波形特征参数进行分析和处理；另一种为存储和记录声发射信号的波形，对波形进行频谱分析。简化波形特征参数分析方法是自20世纪50年代以来广泛使用的经典的声发射信号分析方法，目前在声发射检测中仍得到广泛应用，且几乎所有声发射检测标准对声发射源的判据均采用简化波形特征参数。

图2-8为突发型标准声发射信号简化波形参数的模型。由这一模型可以得到波击（事件）计数、振铃计数、能量、幅度、持续时间、上升时间等参数。

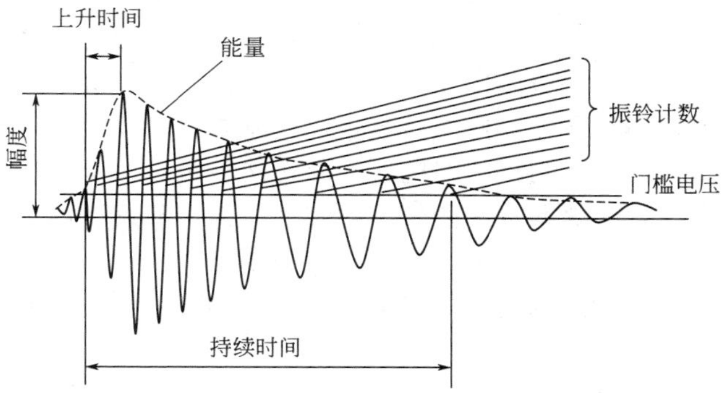


图 2-8　突发型标准声发射信号简化波形参数的模型

**(3) 声发射检测仪**

声发射检测仪一般可分为功能单一的单通道型（或双通道型）、多通道多功能的通用型、全数字化型和工业专用型。

典型的单通道声发射检测仪的基本组成如图 2-9 所示，一般由传感器、前置放大器、主放大器、信号参数测量、数据计算、记录与显示等基本单元构成。

图 2-9　单通道声发射检测仪

传感器的输出信号，经前置放大器放大，滤波器频率鉴别，主放大器进一步放大，门槛电路检测、测量模块提取信号特性参数，分析模块运算，最后输出到记录与显示模块。

随着数字信号处理技术的发展，数字式多功能声发射检测系统成功推广并将逐步成为今后的主流。其最大特点是经前置放大的信号不必再经过一系列模拟电路而直接转换成数字信号，同时进行常规特性参数提取与波形记录。这不仅改善了电路的稳定性和可靠性，而且大大强化了系统信号处理能力。

**(4) 声发射检测的应用**

根据声发射的特点，现阶段声发射技术主要用于其他方法难以或不能适用的对象与环境、重要构件的综合评价、与安全性和经济性关系重大的对象以及过程装备运行过程的动态监测等。对过程装备而言，主要应用于以下几个方面。

各种压力容器、压力管道和海洋石油平台的检测及结构完整性评价，常压储罐底部、各种阀门和埋地管道的泄漏检测等。

高压蒸汽汽包、管道和阀门的检测与泄漏监测，汽轮机叶片的检测，汽轮机轴承运行状况的监测，变压器局部放电的检测等。

材料的性能测试、断裂试验、疲劳试验、腐蚀监测和摩擦测试，铁磁性材料的磁声发射测试等。

## 2.1.7　红外检测

红外检测是一种基于被检件的热传导、热扩散或热容量的变化进行检测的技术。当被检件内部存在着裂纹或气孔一类的瑕疵时，将引起这些热性能的改变，通过测定被检件在加热或冷却过程中其温度变化的差异，便能判明其缺陷的存在和质量的演变。

由于进行红外检测时不需要与被检件直接接触，所以操作十分安全。这个优点在带电设备、转动设备及高空设备的无损检测中非常突出。现代红外检测仪对红外辐射的检测灵敏度很高，目前的红外无损检测设备可以检测出 0.1℃的温度差，因此能检测出设备或结构件等热状态的细微变化。由于红外检测仪的响应速度高达纳秒级，所以可迅速采集、处理和显示被检件的红外辐射，提高检测效率。一些新型的红外无损检测仪还可与计算机相连或自身带有微处理器，实现数字化图像处理，扩大了其功能和应用范围。另外，红外辐射不受可见光的影响，可昼夜进行测量。大气对某些特定波长范围内的红外线吸收甚少，适用于遥感和遥测。

### 2.1.7.1 红外检测基本原理

当物体的热传导、热扩散或热容量发生变化时，物体产生红外辐射的能量将发生变化，此时物体发射的红外线波长和频率将不同。

红外辐射是位于可见光中红光以外的光线，故又称红外线，它是一种人眼看不见的光线，其波长范围在 0.75～1000μm 之间，相对应的频率在 $4\times10^{14}\sim3\times10^{11}$ Hz 之间。任何物体，只要其温度高于绝对零度，就有红外线向周围空间辐射。红外辐射是以波的形式在空间直线传播的，它在真空中的传播速度等于光在真空中的传播速度。红外辐射在大气中传播时，由于大气中的气体分子、水蒸气以及固体微粒、尘埃等物质的散射、吸收作用，使辐射在传输过程中逐渐衰减。它在通过大气层时由于大气有选择地吸收使其被分割成三个波段，即 2～2.5μm、3～5μm 和 8～14μm，统称为“大气窗口”。这三个大气窗口对红外技术应用特别重要，因此一般红外仪器都工作在这三个窗口之内。

红外检测仪具有将红外辐射能转换成电能的光敏元件，用来检测物体辐射的红外线。红外探测仪分热电型和光电型两类。这两类探测仪不仅在性能上有差异，在工作原理上也不相同。热电型红外探测仪是利用热电元件、热敏电阻或热电偶等元件的热效应进行工作的。它们一般灵敏度低、响应慢，但有较宽的红外波长响应范围，价格低廉，常用于温度的测量及自动控制。光电型红外探测仪可直接把红外光能转换成电能，灵敏度高、响应快，但其红外波长响应范围窄，有的还需在低温条件下才能使用。光电型红外检测仪广泛应用在遥测、遥感、成像、测温等方面。

用红外进行检测时，将热量注入工件表面，其扩散进入被检件内部的速度及分布情况由被检件内部性质决定。另外，材料、装备及工程结构件等在运行中的热状态是反映其运行状态的一个重要方面。热状态的变化和异常，往往是确定被测对象的实际工作状态和判断其可靠性的重要依据。红外检测按其检测方式分为主动式和被动式两类。前者是在人工加热被检件的同时或加热后，经过延迟扫描记录和观察被检件表面的温度分布，适用于静态件检测；后者是利用被检件自身的温度不同于周围环境的温度，在两者的热交换过程中显示被检件内部的缺陷，适用于运行中设备的安全控制。

### 2.1.7.2 红外检测仪

**红外测温仪** 红外测温仪是用来测量被检件表面某一局部区域的平均温度的。通过特殊的光学系统，可以将检测仪区域限制在 1mm 以内甚至更小，因此有时也将其称为红外点温仪。它主要是通过测定检测仪在某一波段内所辐射的红外辐射能量的总和，来确定检测仪的表面温度。其响应时间可小于 1s，测温范围可达 0～3000℃。

图 2-10 为红外测温仪的结构原理图。它由光学系统、调制器、光敏元件、放大器、显示器等部分组成。红外测温仪的主要技术参数有温度范围、工作波段、响应时间、目标尺寸、距离系数和辐射率范围等。

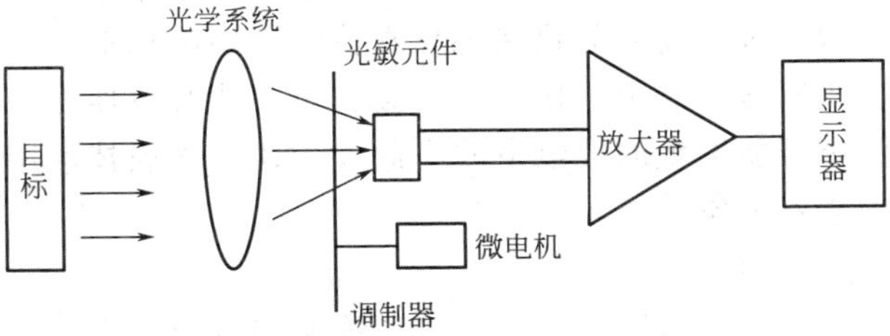


图 2-10　红外测温仪的结构原理图

**红外热像仪**　红外热像仪是红外检测的主要设备。红外辐射符合几何光学的定律，利用红外辐射进行物体成像不需要外加光源。红外成像时需要特殊的光学系统——红外光学系统。红外测温仪所显示的是被测物体的某一局部的平均温度，而红外热像仪则显示的是一幅热像图，是物体红外辐射能量密度的二维分布图。

为将物体的热像显示在监视器上，首先需将热像分解成像素，然后通过红外探测器将其变成电信号，再经过信号处理，在监视器上成像。图像的分解一般采用光学机械扫描方法。目前高速的热像仪可以做到实时显示物体的红外热像。

热像仪除了具有红外测温仪的各种优点外，还具有以下特点：快速有效，结果直观；分辨力强，现代热像仪可以分辨 0.1℃甚至更小的温差；显示方式灵活多样，温度场的图像可以采用伪彩色显示，也可以通过数字化处理后采用数字显示各点的温度值；能与计算机进行数据交换，便于存储和处理。

### 2.1.7.3　红外检测技术的应用

**(1) 在热加工中的应用**

**点焊焊点质量的无损检测**　采用外部热源给焊点加热，利用红外热像仪检测焊点的红外热图及其变化情况来判断焊点的质量。无缺陷的焊点，其温度分布是比较均匀的，而有缺陷的焊点则不然，并且移开热源后其温度分布的变化过程与无缺陷焊点将产生较大差异。上述信息可以用来进行焊点质量的无损检测。

**铸模检测**　用红外热像仪测定压铸过程中压铸模外表面温度分布及其变化，并进行计算机图像处理，得到热像图中任意分割线上各像素点的温度值，然后结合有限元或有限差分方法，用计算机数值模拟压铸模内部的温度场，可给出直观的压铸过程温度场的动态图像。

**压力容器衬套检测**　利用红外热像仪从容器表面温度场数据的传热理论分析和用计算机程序的计算，推算出容器内衬里层的变化，从而达到对容器内衬里缺陷的定量诊断。

**焊接过程检测**　在焊接过程中很多场合都会应用到红外检测技术，例如采用红外点温仪在焊接过程中实时检测焊缝或热影响区某点或多点温度，进行焊接参数的实时修正。采用红外热像仪检测焊接过程中的熔池及其附近区域的红外图像，经过分析处理，获得焊缝宽度、焊道的熔透情况等信息，实现焊接过程的质量与焊缝尺寸的实时控制。

**轴承质量检测**　被测轴瓦是由两层金属压碾而成的，可能存在中间层或大的体积状、面状缺陷。由于内部有缺陷处与无缺陷部分传热速度不同，对被检件反面加热，导致有缺陷处温度低于无缺陷处的表面温度，通过红外热像仪可获得缺陷的图像和尺寸。用类似方法也可进行轴承滚子表面裂纹的检测。

**(2) 在电气设备上的应用**

电气设备和其他设备一样，无论在运行或停止状态，都具有一定的温度，即处于一定的热状态中。设备在运行中处于何种热状态，直接反映了设备工作是否正常，运行状态是否稳定良好。使用红外热成像仪进行设备的热状态异常检测，国内外都有很多应用实例。例如应用热像仪检测发电机、变压器、开关、接头、压接管等，能有效地发现不正常的发热点，及时进行处理和检修，防止可能发生的停电事故。此外，还将该项技术用于电站锅炉水冷壁管的检测，判断是否存在堵塞现象。

**(3) 在泄漏检测中的应用**

在过程工业中，管束振动、腐蚀、疲劳、断裂等原因将导致换热器壳内或管内介质发生泄漏，从而降低产品质量和生产能力，影响生产的正常运行。换热器泄漏的发生及程度的判定，对于保证换热器安全运转、节约能源、充分发挥其传热性能及提高经济效益具有重要意义。除了可根据生产工艺参数进行工况分析外，还可以采用红外测温技术监测换热器的运行情况，及时发现其泄漏的性质和部位。

## 2.2 运行参数的检测

在过程工业生产中，为了正确地指导生产操作，保证生产安全，保证产品质量和实现生产过程自动化，需要准确而及时地检测出生产过程中各个有关参数。目前，在过程工业生产中，对压力、物位、流量和温度四个参数多数实现了自动测量，并与调节器、执行机构相配合，实现了对生产过程的自动控制。

虽然压力、物位、流量和温度四个参数是过程工业生产过程极为重要的参数，但是对保证产品质量来说，属于间接控制的参数。随着科学技术和生产的发展，在过程工业生产中，已经开始采用工业自动分析仪表，自动、连续地给出与产品质量直接有关的物性和物质成分等参数，并直接地去控制产品质量。

尽管过程工业参数种类繁多，生产条件各有不同，过程工业测量仪表也多种多样，但是从过程工业测量仪表的组成来看，基本上是由检测环节、传送与放大环节和显示环节三部分组成，如图 2-11 所示。检测环节直接进行测量，并将测量结果变换成适于传送的信号，然后，对信号进行传送、放大，最后，由显示环节进行指示或记录。

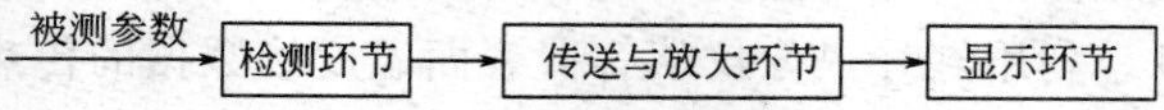


图 2-11　测量仪表的组成

**(1) 压力测量**

压力测量是正确测知过程或设备中气体或液体压力，从而对过程工业的运行状态进行监测与调节的主要方式。常用的压力测量方法有：液柱测压法、弹性变形法和电测压力法。

**(2) 物位测量**

物位测量的目的在于正确地测知容器中储存物质的容积或重量，随时掌握容器内物位的高低，对物位上、下限进行报警，连续地监视生产和进行调节，使物位保持在所要求的高度。根据测量原理的不同，分为浮力、静压、电容、放射性同位素和超声波原理测量。物位测量仪的实物参见图 2-12。由于工艺生产过程的要求不同，物位测量仪表有各种不同的类型，主要包括浮筒式液位计、电容式物位计、储罐液体称量仪等。

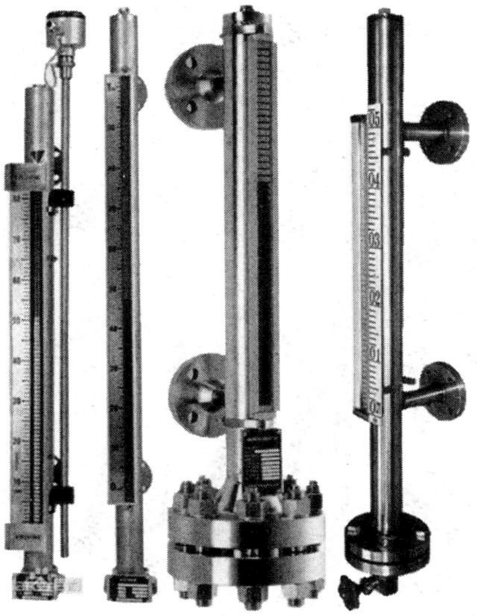

图 2-12　物位测量仪

**（3）流量测量**

在工业生产过程中，为了指导工艺操作，监视设备运行情况和进行经济核算，经常需要知道单位时间内流过管道某截面流体的体积或质量，即体积流量或质量流量。根据测量原理的不同，有容积法、动压能和静压能转换、流体动压、改变流通面积、流体离心力、流体动量矩和流体振荡等多种原理测量方法。一些常见的流量计如图 2-13 所示。

(a) 涡街流量计

(b) 浮子流量计

(c) 孔板流量计

图 2-13　常见的流量计

质量流量测量方法主要有两种方式：直接式，包括压差式、角动量式和应用麦纳斯效应等测量方法；间接式，一般采用测量体积流量的仪表配上密度计，并加以运算得出质量流量的信号。采用上述原理制成的流量测量仪包括：差压式流量计、涡轮流量计等。

**(4) 温度测量**

温度不能直接测量，只能借助于冷热不同物体之间的热交换或者物体的某些物理性质随温度而变化的特性，来间接地测量。根据测温的方式不同，可把测温分为接触法与非接触法两种。具体测量方法包括因工质体积随温度变化的热膨胀、工质压力随温度变化的热膨胀、热电势效应、热电阻效应和热辐射等原理测温。一些温度测量仪的实物参见图 2-14。

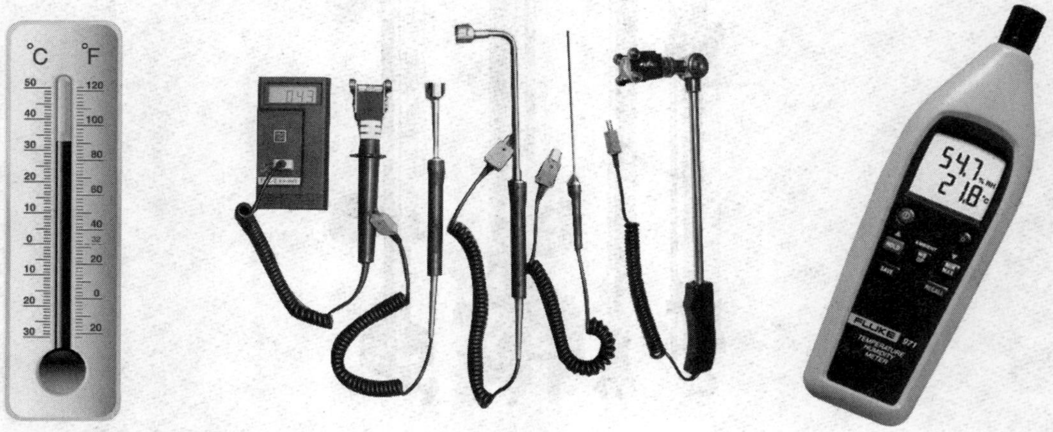


(a) 液体温度计　　(b) 热电偶温度计　　(c) 辐射式温度计

图 2-14　温度测量仪

## 2.3　生产环境的检测

**(1) 粉尘的危害与检测**

生产性粉尘是指以气溶胶状态或以烟雾状态存在的，能较长时间飘浮于空气的固体微粒。

生产性粉尘的来源非常广泛。矿山开采、凿岩、爆破、运输、隧道开凿、筑路等，冶金工业中原料准备、矿石粉碎、筛分、配料等，机械制造工业中原料破碎、配料、清砂等，耐火材料、玻璃、水泥、陶瓷等工业的原料加工，皮毛、纺织工业的原料处理，化学工业中固体原料加工处理和包装物品等生产过程，甚至宝石首饰加工均可能产生生产性粉尘。

生产性粉尘的分类包括无机粉尘、有机粉尘、混合性粉尘。其中无机粉尘主要有矽尘、硅酸盐尘、含碳粉尘、金属粉尘、人工无机粉尘。有机粉尘有植物性粉尘、动物性粉尘、微生物粉尘、人工有机粉尘。混合性粉尘是二种或二种以上粉尘混合在一起，如煤矽尘等。

生产性粉尘由于种类和理化性质的不同，对机体的损害也不同。按其作用部位和病理性质，可将危害归纳为尘肺、局部作用、全身中毒、变态反应和其他五部分。其中，尘肺是指工农业生产过程中，长期吸入粉尘而发生的以肺组织纤维化为主的全身性疾病；局部作用是指接触或吸入粉尘，首先对皮肤、角膜、黏膜等产生局部的刺激作用，并产生一系列的病变；全身中毒指吸入含有铅、锰、砷等毒物的粉尘引起全身中毒；变态反应指某些粉尘（如棉花和大麻的粉尘等）可引起支气管哮喘、上呼吸道炎症和间质性肺炎等；某些粉尘具有致癌作用，如接触放射性粉尘可致肺癌，石棉尘可引起间皮瘤，沥青粉尘沉着于皮肤，可引起光感性皮炎等。

因此，需要加强对生产过程中粉尘的种类和含量的检测。空气中粉尘通过采样器上的预分离器，分离出的呼吸性粉尘颗粒采集在已知质量的滤膜上，由采样后的滤膜增量和采气量，计算出空气中呼吸性粉尘的浓度。

此外，一些可燃性物质细粉在空气中扩散浮游形成尘云（粉末和空气混合的分散系），起火后迅速燃烧，从而发生粉尘爆炸现象。易爆炸的粉尘主要有无机物粉末、天然有机物粉末、合成有机物等。

粉尘爆炸具有以下特点：有足够数量的粉尘飞扬在空气中；粉尘燃烧过程比气体燃烧过程复杂，感应期长；粉尘爆炸的起始能量大，几乎是气体的几十倍。因此，应从防止可爆尘云形成、限制氧气量、排除着火源进行预防，并采取封闭、泄爆、抑爆和惰化等措施进行防护。

**(2) 噪声的危害与防护**

在过程装备运行过程中，不可避免地会产生机械撞击、摩擦和转动，以及气体流体压力突变或流动等现象，进而带来生产性噪声。生产性噪声可归纳为以下三类。

**空气动力噪声**　是由于气体压力变化引起气体扰动或者气体与其他物体相互作用所致。例如，各种风机、空气压缩机、风动工具、喷气发动机和汽轮机等由于压力脉冲和气体排放所发出的噪声。

**机械性噪声**　是由于机械撞击、摩擦、动静不平衡旋转等机械力作用下引起固体部件振动所产生的噪声。例如，各种机床、电锯、电刨、球磨机、砂轮机和织布机等发出的噪声。

**电磁性噪声**　是由于磁场脉冲、磁致伸缩引起电气部件振动所致。如电磁式振动台和振荡器、大型电动机、发电机和变压器等产生的噪声。

生产性噪声一般声级较高，有的作业地点可高达120～130dB（A）。长时间接触噪声会导致听阈升高，不能恢复到原有水平的称为永久性听力阈移，临床上称噪声聋。噪声不仅对听觉系统有影响，对非听觉系统如神经系统、心血管系统、内分泌系统、生殖系统及消化系统等都有影响。同时，高噪声可使自动化、高精度的仪表失灵。强噪声可将墙振裂、瓦振落、门窗振坏，甚至使烟囱及建筑物倒塌。

生产性噪声危害的发生和程度主要取决于噪声强度、接触噪声时间、噪声的频率及频谱特性、接触者的敏感性等因素，因而要预防其危害需从消除和减弱生产中的噪声源、控制噪声的传播和加强个人防护几方面着手。

控制生产性噪声的措施主要有：从声源上控制噪声，就是减少噪声源或减小噪声的强度，这是控制噪声最根本的办法。在生产中采用新工艺、新技术、新设备，使生产过程中不产生噪声或者少产生噪声，如烘干代替吹干、焊接代替铆接、液压代替锻造、化学处理或砂带磨削代替机械滚光和手工打磨、液压传动代替机械传动、采用柔性或有弹性的材料减少机械碰撞和摩擦所产生的噪声、减小压缩空气的使用压力和加大吹风嘴直径等。在采暖通风和废气处理方面要采用低噪声的风机和冷冻机，选择合适的风速，风管尺寸不要太小。

控制噪声传播的措施主要有：合理规划和设计厂区与厂房；产生强烈噪声的工厂与居民

区以及噪声车间和非噪声车间之间应有一定距离（防护带）。控制噪声传播和反射的技术措施主要有吸声、消声、隔声、隔振等方法。吸声主要采用多孔材料贴敷在墙壁及屋顶表面；或制成尖劈形式悬挂于屋顶或装设在墙壁上，以吸收声能达到降低噪声强度的目的；或利用共振原理采用多孔作为吸声的墙壁结构。消声是防止动力性噪声的主要措施，用于风道和排气道，常用的有阻性消声器、抗性消声器及阻抗复合消声器。隔声是采用一定的材料、结构和装置将声源封闭，以达到控制噪声传播的目的。常见的有隔声室、隔声罩等。隔振是为了防止通过固体传播的振动性噪声，在机器或振动体的基础和地板、墙壁连接处设隔振或减振装置。

加强个人防护的措施主要是保护听觉器官。在作业环境噪声强度比较高或在特殊高噪声条件下工作时，佩戴个人防护用品是一项有效的预防措施。定期对接触噪声的人员进行健康检查，特别是听力检查，观察听力变化情况，以便早期发现听力损伤，及时采取有效的防护措施。应进行就业前体检，取得听力的基础材料，并对患有明显听觉器官、心血管及神经系统疾病者，禁止其参加强噪声的工作。就业后半年内进行听力检查，发现有明显听力下降者应及早调离噪声作业，以后应每年进行一次体检。

# 第3章
# 过程装备安全装置

由于过程工业是连续生产，某个局部一旦发生故障，所带来的危害将是极为严重的。因此，为了保护人员生命和财产安全，使过程装备在故障突发之前能自动检测并做出相应调整，就需要配以适当的安全装置。

## 3.1 承压设备的安全泄放装置

安全泄放装置的主要作用是防止压力容器、锅炉和管道等承压设备因起火、操作故障、停水或停电造成承压设备超过其设计压力而发生爆炸事故。当设备内介质的压力达到预定值时，安全泄放装置立即动作，泄放出压力介质。一旦压力恢复正常，它即自行关闭，以保证设备的正常运行。

承压设备常用的安全泄放装置有阀型（安全阀）、断裂型（爆破片）和熔化型（易熔塞）等。熔化型在使用条件上有很大的局限性，一是由于易熔合金强度低，泄压面积很小，只适用于小型容器；二是由于它是依靠温度的升高而动作的，只适用于压力随温度而升高的容器。因此，承压设备常用的安全泄放装置一般均选用安全阀或爆破片，或这两种类型的组合，但常压设备一般选用呼吸阀。

**(1) 安全阀**

安全阀是启闭件，受正常介质压力作用处于常闭状态，当承压设备内的介质压力升高超过规定值时，通过向系统外排放介质来防止承压设备内介质压力超过规定数值的特殊阀门。安全阀属于自动阀类，控制压力不超过规定值，对人身安全和设备运行起重要保护作用。安全阀必须经过压力校验才能使用。

安全阀主要由阀座、阀瓣和加载机构三部分组成。阀座和座体有的是一个整体，有的组装在一起，与承压设备连通。阀瓣通常带有阀杆，紧扣在阀座上。阀瓣上面是加载机构，用来调节载荷的大小，安全阀结构如图 3-1 所示，其实物图参见图 3-2。

安全阀按加载机构分为重锤杠杆式、杠杆式、弹簧式、脉冲式四种。其中，重锤杠杆式安全阀结构简单、调整容易且比较准确，所加载荷不会随阀瓣的升高而显著增大，动作与性能不太受高温的影响，因此用于高温场合下，特别是锅炉和高温容器上。杠杆式安全阀适用

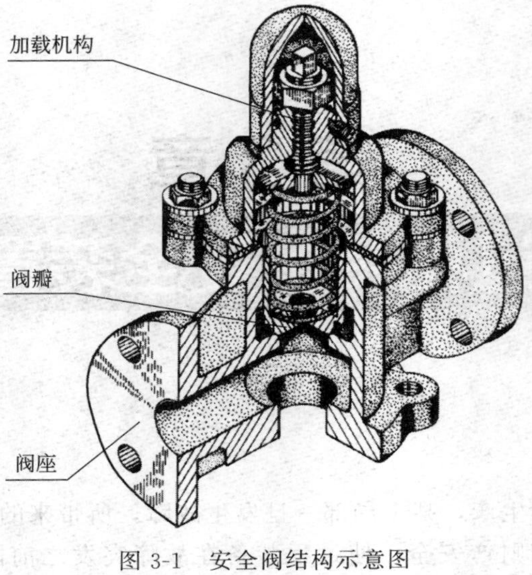


图 3-1 安全阀结构示意图

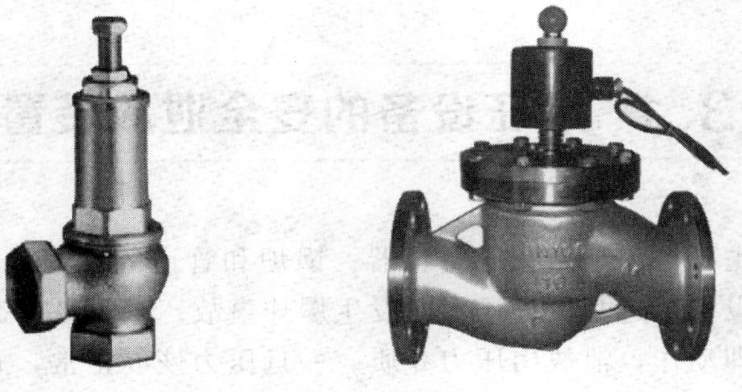

(a) 安全阀 (b) 紧急切断阀

图 3-2 安全阀和紧急切断阀实物图

于高温工作，但结构不紧凑。弹簧式安全阀结构轻便紧凑，灵敏度较高，安装位置不受限制，对振动不敏感，适用于移动压力容器和介质压力脉动的固定式压力容器。脉冲式安全阀比直接作用式安全阀密封性能好，在同等条件下加载机构的尺寸可以大大减小。脉冲式安全阀结构复杂，动作的可靠性不仅取决于主阀，也取决于脉冲阀和辅助控制系统，目前仅在大型电站锅炉或水库中应用。

当承压设备内的压力在规定的工作压力范围之内时，承压设备内介质作用于阀瓣上的力小于加载机构施加在它上面的力，两者之差构成阀瓣与阀座之间的密封力，使阀瓣紧压着阀座，承压设备内的气体无法排出。

当承压设备内的压力超过规定的工作压力并达到安全阀的开启压力时，介质作用于阀瓣上的力大于加载机构施加在它上面的力，阀瓣离开阀座，安全阀开启，承压设备内的气体通过阀座排出。

如果承压设备的安全泄放量小于安全阀的排量，承压设备内的压力逐渐下降，且经过短时间的排放后，承压设备内压力很快降回到正常工作压力。此时介质作用于阀瓣上的力又小于加载机构施加在阀瓣上面的压紧力，阀瓣回落压紧阀座，气体停止排出，承压设备保持正常的工作压力继续运行。

按安全阀的开启高度（阀瓣开启的最大高度与阀孔直径之比），分为：全启式安全阀，阀瓣开启高度等于或大于阀座流通直径的1/4，动作敏捷、排放量大，应用在气体、蒸汽及液化气介质的系统；微启式安全阀，阀瓣开启高度等于或大于阀座流通直径的1/20～1/40，开启与回座过程中阀瓣无突跳和突然关闭动作，系统中的压力不会引起剧烈的波动，适用于液体介质的系统。

按介质的排放方式，安全阀可分为敞开式安全阀、半封闭式安全阀、全封闭式安全阀。敞开式安全阀阀盖是敞开的，使弹簧腔室或杠杆支点腔与大气相通，排放的气体直接进入周围的空间，适用于介质为蒸汽、压缩空气以及对大气不造成污染的高温气体的承压设备；半封闭式安全阀排出的气体大部分经排气管排走，但仍有一部分从阀盖与阀杆之间的间隙中漏出，适用于介质为不会污染环境的气体的承压设备；全封闭式安全阀排出的气体全部通过排气管排放，排气管排出的气体被收集起来重新利用或作其他处理，适用于安全阀排气侧密封严密，介质不能向外泄漏，或介质为有毒、易燃和其他对大气造成污染的承压设备。

**(2) 爆破片**

爆破片是一种断裂型的安全泄压装置。由于它是利用膜片的断裂来泄压的，所以泄压后不能继续有效使用，承压设备也被迫停止运行，因此它只在不宜装设安全阀的承压设备中才使用。

需要装设爆破片的承压设备大体有以下几类：盛装不洁净、剧毒或强腐蚀介质的承压设备，或因化学反应可能使工作介质压力迅速升高的承压设备。

爆破片装置由爆破片和夹持器两部分组成。爆破片是在标定爆破压力及温度下爆破泄压的元件，夹持器则是在承压设备的适当部位装接夹持爆破片的辅助元件。通常所说的爆破片包括夹持器等部件。

按照结构形状不同，爆破片可分为平板形、正拱形和反拱形三类，如图3-3所示。按照破坏时的受力形式不同，爆破片可分为拉伸破坏型、剪切破坏型、弯曲破坏型和失稳破坏型四类。

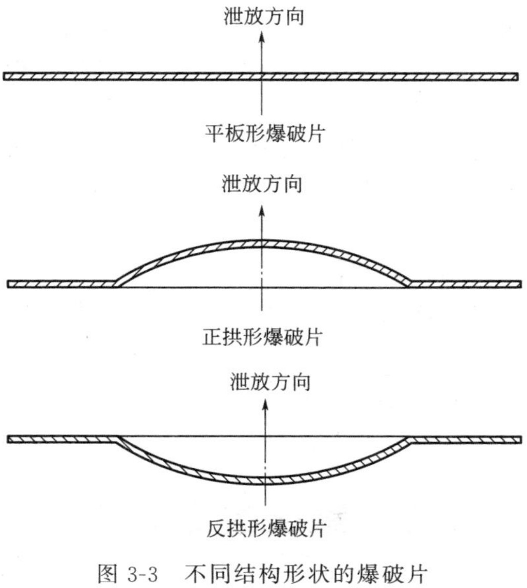


图3-3　不同结构形状的爆破片

平板形爆破片有平板普通形、平板开缝形和平板带槽形三种。特点是结构简单，安装方便，但抗疲劳性能较差，用于压力不高及压力较稳定的场合。

正拱形爆破片安装后拱的凹面处于压力系统的高压侧，动作时爆破片发生拉伸破裂。抗疲劳性能好，具有长寿命和较高的爆破精度，已成为我国主要使用的爆破片品种之一。有正拱普通形、正拱开缝形、正拱带槽形三种形式的爆破片。

反拱形安装后拱的凸面处于压力系统的高压侧，动作时爆破片发生压缩失稳，致使破裂或脱落。与正拱形爆破片相比，反拱形爆破片抗疲劳性能好，适用于承受脉动载荷且介质为气体的承压设备，如反应釜等。根据泄放的方式不同，反拱形爆破片分为反拱带刀形、反拱鳄齿形、反拱带槽形、反拱开缝形和反拱脱落形五种形式的爆破片。

根据介质的性质、工艺条件及载荷特征等选用爆破片装置。在介质性质方面，首先要考虑介质在工作温度下对膜片是否有腐蚀作用。如果介质是可燃气体，则不宜选用铸铁或碳钢等材料制造的膜片，以免膜片断裂时产生火花，在承压设备外引起可燃气体的燃烧爆炸。当工作介质为液体时，不宜选用反拱形爆破片，因为超压液体的能量不足以使反拱形爆破片失稳翻转。

在压力较高时，宜选用正拱形爆破片；压力较低时，宜选用开缝形和反拱形。脉动载荷或压力大幅频繁波动时，最好选用反拱形或弯曲形爆破片，因为其他类型爆破片在工作压力下膜片都处于高应力状态，较易发生疲劳失效。

为了确保承压设备不超压运行，爆破片的动作压力应不大于承压设备的设计压力。在设计压力确定以后，可以根据爆破片动作压力确定承压设备的操作压力。

为了保证爆破片断裂时能及时泄放承压设备内的压力，防止承压设备继续升压操作，爆破片的排放能力必须大于或者等于承压设备的安全泄放量，即爆破片必须具有足够的泄放面积。爆破片和安全阀的泄放面积计算方法相同，选用的泄放装置实际泄放面积应不小于按承压设备的安全泄放量计算出的最小泄放面积。

盛装液化气体或温度高于标准沸点液体的承压设备，不得选用爆破片，以免引发平衡破坏型爆炸。

爆破片单独布置时，爆破片在其入口侧设置一个截止阀，该阀处于常开状态，只是在更换爆破片时才关闭，以防止介质外泄，截止阀的泄放能力应大于爆破片的泄放能力。爆破片串联布置时，在两个爆破片之间设置压力表和放气阀，主要用于强腐蚀性流体。爆破片并联布置时，分双向截止阀和两个单向截止阀两种情况。前一种情况是在两个爆破片连接管的中部设置一个双向截止阀，其中一向处于常关闭状态，只有在更换爆破片时才打开，不致影响设备运转。后一种情况是在两个爆破片入口侧各串联一个截止阀，截止阀的泄放能力必须大于爆破片的泄放能力。

当爆破片与安全阀组合布置时，将同时具有阀形和断裂形的优点，既可以防止单独用安全阀的泄漏，又可以在完成排放过高压力的动作后恢复承压设备的继续使用。常见的组合形式有爆破片与安全阀串联布置、爆破片与安全阀并联布置、爆破片与安全阀串、并联组合布置。具体的安全阀和爆破片选用方法详见有关资料。

## 3.2 罐区的安全装置

罐区由用来储存具有易挥发、易燃烧、易爆炸、易产生静电等性质的液体或气体的多个储罐组成。特别是有些罐区存有大量的危化品，使危险性变得更大，一旦发生事故，必将造成重大的经济损失和不良的社会影响，轻者使罐体变形，重者使罐体发生爆炸，造成严重后果。

储罐应根据规范要求设置高低液位报警，采用超高液位自动联锁关闭储罐进料阀门和超低液位自动联锁停止物料输送措施，确保易燃易爆、有毒有害气体泄漏报警系统完好可用。大型、液化气体及剧毒化学品等重点储罐要设置紧急切断阀。

罐区应当设置自动喷水灭火系统。在夏天气温高的时候，对油罐不断均匀地喷淋冷却水，水由罐顶经罐壁流下，带走油罐所吸收的太阳辐射热，降低油罐气体空间温度，使昼夜油面温度变化幅度减小，从而减少油罐呼吸损耗。

储罐应设置防火堤，其有效容积应符合设计规范要求。管线穿越防火堤处或分隔堤处的缝隙及堤壁上的孔洞必须全部封死。

过程工业企业区内罐区与工艺装置之间要满足一定的防火距离要求，具体要求如下。

容积大于 $5000m^3$ 的甲类和乙类液体固定顶储罐，与甲乙丙类装置之间的防火距离应分别不小于 50m、40m、35m；容积大于 $1000m^3$ 又小于或者等于 $5000m^3$ 的甲类和乙类液体固定顶储罐，与甲乙丙类装置之间的防火距离应分别不小于 40m、35m、30m；容积大于 $500m^3$ 又小于或者等于 $1000m^3$ 的甲类和乙类液体固定顶储罐，与甲乙丙类装置之间的防火距离应分别不小于 30m、25m、20m。

容积大于 $5000m^3$ 的浮顶储罐和丙类液体固定顶储罐，与甲乙丙类装置之间的防火距离应分别不小于 35m、30m、25m；容积大于 $1000m^3$ 又小于或者等于 $5000m^3$ 的浮顶储罐和丙类液体固定顶储罐，与甲乙丙类装置之间的防火距离，应分别不小于 30m、25m、20m；容积大于 $500m^3$ 又小于或者等于 $1000m^3$ 的浮顶储罐和丙类液体固定顶储罐，与甲乙丙类装置之间的防火距离应分别不小于 25m、25m、15m。

属于全冷冻式储存的液化烃储罐，与甲乙丙类装置之间的防火距离应分别不小于 60m、55m、50m。

属于全压力式储存的液化烃储罐，容积大于 $1000m^3$ 与甲乙丙类装置之间的防火距离应分别不小于 60m、55m、50m；容积大于 $100m^3$ 又小于或者等于 $1000m^3$，与甲乙丙类装置之间的防火距离应分别不小于 50m、45m、40m。

罐区正常操作时，严禁内浮顶罐浮盘和物料之间形成空间，特殊情况下确需超低液位操作时，在恢复进料时，要确保进料流速小于限定流速，以防产生静电引发事故。出现液位高低位报警时，必须立即采取处理措施。上游装置波动时，要加强进罐区物料的分析检测，防止高温物料或轻组分进入储罐引发事故。对有装卸栈台的罐区要严格装卸作业管理和车辆管理，防止违规作业影响罐区安全。严格按变更管理要求，加强罐区变更管理。

严禁在罐区堆放油污、油布、纸张、木材等杂物，管沟、电缆沟保持畅通，不得积存油污、垃圾等，下水系统不得存油、瓦斯和渗油。

罐区内应有完善的灭火设施和消防水源，并使其始终处于完好状态；消防道路要保持畅通无阻，不得堵塞。

应定期检查管道密闭性能是否良好，呼吸阀工作是否正常，在冬季呼吸阀有否冻结，液压式安全阀的液面是否保持规定高度，阻火器是否有损坏和变形，量油口有色金属衬垫是否完好等。

避雷装置和防静电接地装置每年应进行一次全面检查，确保其有效性。

油罐区应有足够的照明，宜采用远距离高悬透光灯。罐体上一般不设照明，必须时应选用合适的防爆型灯具。

## 3.3 安全联锁装置

安全联锁装置指在危险排除之前能阻止接触危险区，或者一旦接触时能自动排除危险状态的一种装置。当控制系统或者是某些工艺设备发生故障，造成工艺指标出现异常，有可能超越安全许可范围的时候，就需要设置一套安全联锁装置，立即动作，该关的阀立即关死，该打开的阀立即打开，从而避免事故的发生。

安全联锁装置包括发动联锁启动的信号源、识别并实现联锁动作的部件、实施联锁动作的部件。其中，信号源来自生产中的工艺参数，工艺参数通过现场的各类开关，包括压力、液位等，发出接点启动信号，由变送器送出工艺参数。

实现联锁动作的部件包括继电器系统和可编程序控制器、集散系统内的程序控制器。把各类变送器的输出信号与设定值比较后进行判断，决定是否产生联锁信号再进行输出。

实施联锁动作的部件包括电磁阀、调节阀或切断阀。

联锁控制装置的特点如下。

**元件多、程序复杂、质量要求高** 组成全装置的仪表台件、部件及各类开关甚多，相互连接十分复杂，而任何环节的动作又不得有误，因此对装置中器件的质量要求是相当高的。

**动作迅速、灵敏度高** 由于工艺参数传到装置后，各个环节都是通过电信号传递的，动作迅速、灵敏度高，不允许有任何的外界干扰和一丝的误操作（有防误操作装置的除外）。

**必须有严格的操作管理制度** 因为安全、联锁装置时刻在严格监督、控制着全装置与安全密切关联的部位，所以必须有一整套严格的操作管理制度。

联锁检修的时候，首先要将准备检修的项目设旁路。对于没有旁路的要将前端模块设手动，不能因为检修时的误动作导致联锁动作。在联锁调试阶段一定要先将最终输出模块设手动，不能因联锁调试导致机泵等现场设备开启或者停止。并且还要注意有的输入不仅是一个联锁单元的输入，也可能是几个或者好几个联锁单元的输入，在调试之前这些必须都确认清楚。

## 3.4 紧急停车装置

紧急停车装置，简称 ESD（emergency shutdown device），是一种专门的仪表保护系统，具有很高的可靠性和灵活性，当生产装置出现紧急情况时，保护系统能在允许的时间内做出响应，及时地发出保护联锁信号，对现场设备进行安全保护。

不同的厂商、不同的行业，对这一装置的叫法有所不同。一般有安全仪表系统（safety instrument system）、安全联锁系统（safety interlock system）、紧急跳闸系统（emergency trip system）、安全关联系统（safety related system）、仪表保护系统（instrument protective system）等。

过程工业企业的重要装置，例如催化、焦化、加氢等系统都独立设置 ESD 系统，其目的在于降低控制功能和安全功能同时失效的概率，当维护 DCS（distributed control system）

部分故障时也不会危及安全保护系统。DCS故障时ESD联锁系统作为最后一道安全防线将装置安全地停下来，避免事故扩大。

对于大型适时控制装置或旋转机械设备而言，紧急停车系统响应速度越快越好。这有利于保护设备，避免事故扩大，并有利于分辨事故原因。DCS系统是过程控制系统，是动态的，需要人工频繁的干预，而且DCS操作界面主要是面对操作员的，这有可能引起人为误动作；而ESD是静态的，不需要人为干预，设置ESD可以避免人为误动作。据有关资料，人在危险时刻的判断和操作往往是滞后的、不可靠的，当操作人员面临生命危险时，要在60s内作出反应，错误决策的概率高达99.9%。因此，设置独立于控制系统的ESD系统是十分有必要的，这是做好安全生产的重要准则。

紧急停车系统设计应遵循以下原则。

ⅰ. 安全度等级是设计的标准，在ESD的设计过程中，首先应该确定生产装置的安全度等级，依据此安全度等级，选择合适的安全系统技术和配置方式。根据经验，石化装置一般采用的ESD安全等级为SIL3，即TÜV的AK5或AK6。

ⅱ. 紧急停车系统必须是故障安全型，故障安全指ESD系统在故障时使得生产装置按已知预定方式进入安全状态，从而可以避免由于ESD自身故障或因停电、停气而使生产装置处于危险状态。

ⅲ. 检测出发生故障的元件，报告操作人员何处发生故障，即使存在故障，系统依然能够持续正常运行，检测出系统是否已被修理恢复常态。

除此之外，ESD一定是有安全证书的PLC；应该充分考虑系统扫描时间，1ms可运行1000个梯形逻辑；系统必须易于组态并具有在线修改组态的功能；系统必须易于维护和查找故障并具有自诊断功能；系统必须可与DCS及其他计算机系统通讯；系统必须有硬件和软件的权限人保护；系统必须有提供第一次事故记录（SOE）的功能；系统具有完备的冗余技术。

ESD系统组态的主要内容是系统参数设置、硬件配置和通讯通道的连接。控制程序的设计主要是利用硬件厂商提供的编程软件进行逻辑描述，只要选中各种逻辑门或触发器，进行有机连接就可实现联锁功能。其一般步骤包括：确定工艺正常时联锁输入、联锁输出采用常开触点，还是常闭触点；依据控制方案信号逻辑关系，列出表达式，绘出逻辑图；根据逻辑图，用编程软件进行逻辑图的描述，即进行离线程序的开发。

ESD在线的调试对于检验系统组态和控制程序的正确与否，起着关键的作用。其调试的具体内容包括：联锁的再次确认；对系统的输入、输出值进行检查核对；联锁的调试；联锁画面检查；检查第一事故记录（SOE）的功能；组态数据库的保存。

紧急停车系统调试中相关仪表的选型原则如下。

**独立设置原则**　为使ESD免受其他关联设备的影响，现场仪表设计时应遵循“独立设置原则”，从检测元件到执行元件尽量采用专用设备或仪表。

**中间环节最少原则**　回路中仪表越多，可靠性越差。在过程工业装置中，防爆区域在0区的很少，因此可尽量采用隔爆型仪表，减少由于安全栅而产生的故障源，减少误停车。

**故障安全原则**　意味着现场仪表出现故障时，ESD能使装置处于安全状态。现场仪表采用何种故障安全配置回路，由发生故障的主要类型来决定。

# 《《《 第 4 章 》》》
# 承压设备的安全监察管理

承压设备广泛应用于工业生产及人们的日常生活中，同时因其处理物料的危险性及其工况条件的苛刻性，一旦管理不善、使用不当或者设备缺陷进一步发展，将会发生泄漏甚至是爆炸等恶性安全事故。灾难性承压设备事故不仅会使设备自身遭到破坏，还会波及到附近设备、建筑及周围环境，造成巨大的人员伤亡和财产损失。非灾难性承压设备事故也会因其所处过程工业的高自动化、高集成化，造成成套装置的联锁停车，会带来巨大的经济损失。因此须制定完整的针对性的安全管理规范制度，进一步强化过程装备的安全管理，防止和减少事故的发生。

## 4.1 承压设备安全管理规范

鉴于承压设备的特点及其重要性，其安全问题受到特殊重视，对承压设备实行专门的监察和管理的重要性，已被世界各国工业实践所证明，并成为世界工业各国的共识。包括我国在内的世界各国先后设置专门机构负责承压设备安全监察工作，并制定系列法规、规范及标准，供从事承压设备设计、制造、安装、使用、检验、维修及改造等各环节部门工作人员遵循，并监督各部门对规范的执行情况，从而形成了承压设备安全监察监督管理体制。

### 4.1.1 法律法规体系

我国在特种设备立法方面，已经初步建立了“法律—行政法规—部门规章—安全技术规范—引用标准”五个层次的法律法规标准体系结构。建立了“以法律法规为依据，以安全技术规范为主要内容，以技术标准为基础的特种设备安全监察法规标准体系”。使特种设备安全管理工作有法可依、有章可循。

第一层次，法律。由全国人大通过。

《中华人民共和国特种设备安全法》（以下简称《特种设备安全法》）是在总结我国特种设备安全监管实践经验的基础上，制定的一部适合我国国情和国际通行做法的法律，也是新中国历史上第一部对各类特种设备安全管理作出统一、全面规范的法律。它的出台标志着我国特种设备安全工作向科学化、法制化方向迈进了一大步。

另外，相关法律还有《中华人民共和国安全生产法》《中华人民共和国环境保护法》《中华人民共和国标准化法》《中华人民共和国产品质量法》《中华人民共和国刑法》《中华人民共和国商品检验法》和《中华人民共和国劳动法》等。

第二层次，行政法规。行政法规包括两个层面，分别由国务院批准和地方政府批准。

《特种设备安全监察条例》（以下简称《条例》）由国务院批准，并于2003年6月开始实施。《条例》的实施标志着我国特种设备安全监督有了直接的法规依据。《条例》修订版于2009年5月实施。

地方性行政法规包括省、自治区、直辖市以及较大的市人大通过的条例。如《山东省特种设备安全条例》《广东省特种设备安全条例》《浙江省特种设备安全管理条例》《江苏省特种设备安全监察条例》《淄博市承压设备安全监察条例》《深圳经济特区锅炉压力容器压力管道质量监督与安全监察条例》等。

第三层次，规章。规章分为中央部门规章和地方政府规章。

中央部门规章是以特种设备安全监督管理部门首长签署部门令予以公布并经过一定方式向社会公告的“办法”“规定”。目前部门规章主要包括《小型和常压热水锅炉安全监察规定》《特种设备质量监督与安全监察规定》《锅炉压力容器压力管道特种设备事故处理规定》《锅炉压力容器压力管道特种设备安全监察行政处罚规定》《锅炉压力容器制造监督管理办法》《气瓶安全监察规定》和《特种设备作业人员监督管理办法》等。

地方政府规章，是指以省级行政机构首长签署予以公布的“办法”“规定”等，如湖北省《锅炉压力容器压力管道特种设备安全监察办法》等。

第四层次，安全技术规范。

特种设备安全技术规范是指依据《特种设备安全法》和《特种设备安全监察条例》规定，由国务院特种设备安全监督管理部门制定并公布的安全技术规范。包括规定强制执行的特种设备安全性能和相应的设计、制造、安装、修理、改造、使用管理规定和检验检测方法，以及许可、考核条件、实施程序的一系列规范性文件，还包括有关的管理规则、核准规则、考核规则及程序规定和有关的安全技术监察规程、技术检验规则、审查评定细则、人员考核大纲等。安全技术规范分为管理和技术两大类：管理类技术规范有《特种设备检验检测机构核准规则》《特种设备作业人员考核规则》《特种设备事故调查处理导则》《锅炉压力容器用钢板（带）制造许可规则》《气瓶使用登记管理规则》《压力容器使用管理规则》《压力容器压力管道设计许可规则》《压力容器安装改造维修许可规则》《锅炉压力容器压力管道焊工考试与管理规则》《压力容器压力管道设计单位资格许可与管理规则》《锅炉压力容器使用登记管理办法》等；技术类规范有《超高压容器安全技术监察规程》《锅炉安全技术监察规程》《气瓶安全监察规程》《液化气体罐车安全监察规程》等。

第五层次，相关的引用标准。

相关的引用标准是指一系列与特种设备安全有关的经法规、规章或安全技术规范引用的国家标准和行业标准。标准是特种设备安全技术规范的技术基础，由标准化组织制定，通常安全监察机构派代表参与标准的制定。如GB/T 150—2011《压力容器》、GB 12241—2005《安全阀一般要求》、GB 50094—2010《球形储罐施工规范》、GB/T 12337—2014《钢制球形储罐》、GB/T 9222—2008《水管锅炉受压元件强度计算》、GB/T 12130—2005《医用空气加压氧舱》、JB 4732—1995《钢制压力容器——分析设计标准》、JB/T 4734—2002《铝制焊接容器》、JB/T 4746—2002《钢制压力容器用封头》等。

虽然我国目前已经初步建立了的特种设备法律法规体系，但还存在一些问题，需要进一步完善。

**(1) 法规层次存在缺陷**

如压力管道设计、安装和使用环节缺少安全监察措施；缺少对特种设备有关保险的鼓励政策；缺少对特种设备用材，特别是承压部件用材的检查规定等。

**(2) 安全技术规范不够完善**

缺少对事故分析指导和安全评价方法等方面的规定，事故的统计范围、事故分类与国外不一致。

**(3) 标准体系不够完整**

我国特种设备标准体系尚不够完整，分类过细，部分内容重叠，矛盾现象严重。锅炉和压力容器目前刚纳入到同一标准体系中，但存在相关标准之间不统一、不协调的问题。

## 4.1.2 安全监察机构

《特种设备安全法》第五条和《条例》第四条中规定，国务院负责特种设备安全监督管理的部门对全国特种设备安全实施监督管理，当前监管部门是国家质量监督检验检疫总局。县级以上地方各级人民政府负责特种设备安全监督管理的部门对本行政区域内特种设备安全实施监督管理，当前监管部门是地方质量技术监督局。之外，公安、建设、交通、铁道、旅游、民航等部门在职能范围内负责有关特种设备的监管。

我国特种设备安全监察实行由上至下分级管理的行政体制。地方质检部门实施省以下的垂直管理，特种设备安全监察机构由对应级别人民政府主管，上一级特种设备安全监察机构对下一级特种设备安全监察机构业务上进行指导。我国特种设备安全监察机构的设置及关系如图 4-1 所示。

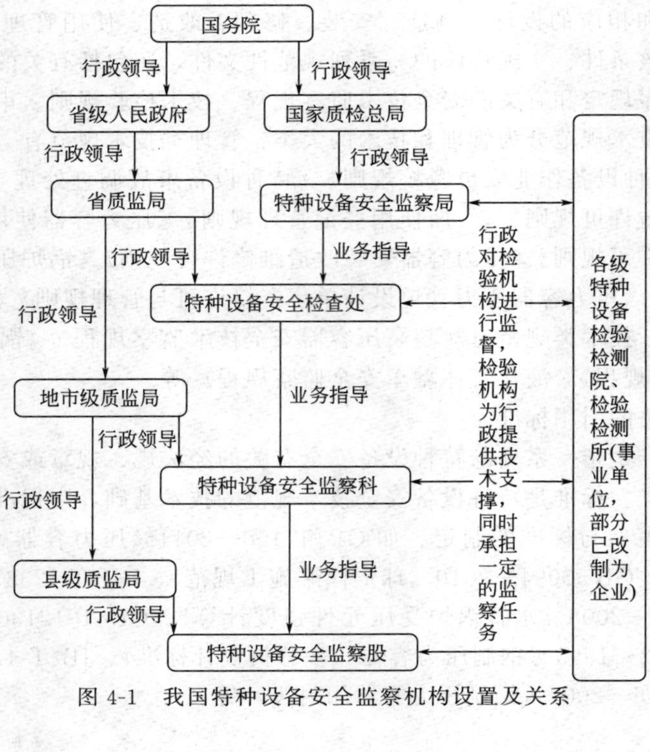


图 4-1 我国特种设备安全监察机构设置及关系

我国各级监管机构的基本工作包括拟定和参与制定或修订关于特种设备安全监察的相关法律法规以及从事特种设备生产、使用、检验和维修等各个环节的安全监察。主要职责包括以下方面。

ⅰ. 积极宣传、督促特种设备生产、使用单位和特检机构执行安全生产法律法规。

ⅱ. 制定或参与审定特种设备有关的法律、法规、规章、规范和标准。

ⅲ. 监督检查特种设备设计、制造、使用、维修、检验的有关单位。

ⅳ. 按照国家有关规定组织对特种设备从业人员进行考核，使其取得相关资质证书后才能上岗作业。

ⅴ. 监督抽查特检机构的检验检测结果和鉴定结论。

ⅵ. 监督检查进口特种设备。

## 4.2 承压设备设计的安全监察管理

为了加强对承压设备设计单位的安全监察，确保承压设备的设计质量，我国对承压设备设计实行行政许可制度。从事承压设备设计的单位必须取得由国家质量技术监督检验检疫总局颁发的压力容器或压力管道的《特种设备设计许可证》。只有取得《设计许可证》，才能在全国范围内从事许可范围内的设计工作。承压设备中锅炉、高压氧舱、气瓶等的设计许可不同于一般压力容器和压力管道设计，采用设计资料审查制度。

### 4.2.1 设计单位管理

压力容器、压力管道的设计单位应具备《特种设备安全法》《特种设备安全监察条例》等法律法规及《压力容器压力管道设计许可规则》等标准规范规定的条件，方可向国家质检总局或省级质量技术监督部门提出设计资质申请。

根据设计单位资质不同，其要求有资质的设计、审批人员人数也不相同，例如 A 级、C 级压力容器设计单位专职设计人员总数一般不少于 10 名，设计审批人员不少于 2 名。

申请设计许可的单位，首先对本单位进行自查，并形成自查报告；之后，申请单位应当向国家质检总局或省级质量技术监督部门提交《设计许可申请书》。申请单位的申请被受理以后，应进行试设计，试设计文件应有代表性，能覆盖所申请设计许可类别、品种范围和级别。试设计完成后，申请单位应当约请相应设计鉴定评审资格的鉴定评审机构进行鉴定评审，并形成鉴定评审报告。国家质检总局或省级质量技术监督部门在收到鉴定评审报告及相应资料后，进行审查、批准或不批准手续。对于批准的申请单位，颁发《特种设备设计许可证》。设计单位取得《设计许可证》后，应当刻制特种设备设计许可印章，并建立印章使用管理制度。

因从事行业的性质特殊性，学会、协会等社会团体，咨询性公司、社会中介机构以及从事特种设备检验检测的机构或单位不得申请压力容器、压力管道设计许可。

获得设计许可的设计单位接受国家质检总局或省级质量技术监督部门的监督检查，同时必须加强日常管理，且须达到以下要求。

ⅰ. 严格按照设计许可证批准范围进行设计，不得随意扩大设计范围，规范特种设备设计许可印章管理；

ⅱ. 对本单位的设计文件质量负责；

ⅲ. 进行技术培训，有计划的安排设计人员深入制造、安装、使用现场，结合设计学习有关实践知识，不断提高各级设计人员能力和技术水平；

ⅳ. 落实各级设计人员责任制；

ⅴ. 建立设计工作档案；

ⅵ. 按照相关规定，审批手续完善；

ⅶ. 设计工作遵循有关法规、安全技术规范、标准；

ⅷ. 对设计、校核人员，每年进行有关法规、安全技术规范、标准及本职工作应具备知识和能力方面的培训考核；

ⅸ. 设计审批人员工作单位变动时，办理相关变更手续；

ⅹ. 按照要求向国家质检总局和省级质量技术监督部门报送设计工作情况。

取得《设计许可证》的设计单位需要增加设计类别、品种和级别时，应向国家质检总局或省级质量技术监督部门提交增项申请。设计单位名称、产权（所有制）、主要资源条件或者单位地址发生变更时，应按照相关程序办理变更手续。

《设计许可证》的有效期为 4 年，有效期满的设计单位继续从事设计工作的应按有关规定办理换证手续，到期不办或者未被批准换证的，其《设计许可证》有效期满后不得继续从事设计工作。在《设计许可证》有效期满 6 个月前，设计单位应向国家质检总局或省级质量技术监督部门提交换证《申请书》。换证的申请、受理、鉴定评审程序与申请《设计许可证》相同。取得《设计许可证》的设计单位必须按照有关规定，加强设计工作的质量管理，逐步完善和稳定管理体系，不断提高各级设计人员的技术素质和业务水平，确保设计质量。日常管理工作的主要内容有以下几方面。

ⅰ. 在《设计许可证》有效期内从事批准范围内的设计，不得随意扩大设计范围。

ⅱ. 建立工作档案，落实各级设计人员责任制，审批手续完善，对本单位设计的设计文件质量负责；禁止在外单位设计的图纸上加盖本单位的特种设备设计许可印章。

ⅲ. 安排设计人员进行技术培训，并针对性的安排设计人员深入制造、安装和使用现场，结合设计学习实践知识，提高设计人员能力和技术水平；每年安排设计、审核人员进行有关法规、安全技术规范、标准等方面的培训考核，确保设计工作遵循有关法规、安全技术规范和标准要求。

ⅳ. 按照要求向国家质检总局和质量技术监督部门报送设计工作情况，其中压力管道工程完成后，在 1 个月内向工程所在省级质量技术监督部门进行设计竣工告知，而对于压力容器，其设计单位每年第 1 个季度向许可实施机关报送上年度综合报告，并且抄报鉴定评审机构。

### 4.2.2 设计文件管理

压力容器和压力管道的设计文件编制必须遵循现行法律、规范、标准和有关规程的规定，其结构、选材、强度计算和制造技术条件均应符合相关标准，例如压力容器应符合 GB/T 150《压力容器》、GB/T 151《热交换器》或 GB/T 20801《压力管道规范—工业管道》等标准及《特种设备安全法》《压力容器安全技术监察规程》或《压力管道安全技术监察规程》等法规要求，必要时还可参考国外规范和标准。

**(1) 压力容器**

压力容器的设计文件，包括设计图样、技术条件、强度计算书，必要时还应包括设计或安装、使用说明书。

压力容器设计图样应符合相应标准规定的内容和格式。每台容器应单独出具图样，通常包括装配图和零部件图两部分。装配图除了表示容器的结构、尺寸、各零部件之间的装配和内外部连接关系外，还应按《压力容器安全技术监察规程》的要求，注明设计压力、最高工作压力、设计温度、介质名称（或其特性）、容积、焊缝系数、腐蚀裕度、主要受压元件材质、容器类别和充装系数等典型特性参数及制造、检验和试验等方面的技术要求。零部件图需表示零部件之间的关系，零部件的、形状、尺寸，加工和检验等方面的技术要求。

技术条件对于较为复杂或结构新颖的压力容器，需要说明容器的工艺操作过程、结构特性、工艺原理、制造和安装要求、操作性能、维护与检修注意事项等。

强度计算书的内容至少应包括：设计条件、所用规范和标准、材料、腐蚀裕量、计算厚度、名义厚度、计算应力、设计使用年限等。装设安全阀、爆破片装置的压力容器，设计单位应向使用单位提供压力容器安全泄放量、安全阀排量和爆破片泄放面积的计算书。Ⅲ类压力容器还应投交风险评估报告。

压力容器设计文件的审批和签署标志着各司其职、分级负责、技术把关。各级设计人员应切实按技术责任制精心设计、尽责校审后签署。设计文件中的风险评估报告、强度计算书或者应力分析报告、设计总图，至少进行设计、校核、审核 3 级签署；对于 A 级、C 级和 SAD 级压力容器的总装图、设计计算书和分析设计计算书（仅适用于 SAD 级）等主要设计文件进行设计、校核、审核、批准 4 级签署，其中批准由压力容器设计单位技术负责人或者其授权人签署。压力容器设计图样的装配图上必须盖有压力容器设计资格印章，且必须在蓝图上盖章，复印章无效，已经加盖竣工图章的图纸不得用于制造压力容器。

设计文件的保存期限不少于压力容器设计使用年限。

**(2) 压力管道**

压力管道设计文件一般包括图纸目录和管道材料等级表、管道数据表和设备布置图、管道平面布置图、轴测图、强度计算书、管道应力分析书，必要时还应当包括施工安装说明书。其中，管道图纸目录和管道平面布置图上应加盖设计单位公章和单位设计许可印章；管道数据表、管道材料等级表、设备布置图、管道平面布置图、强度计算书和管道应力分析计算书等主要设计图样和文件，应当有设计、校核、审核三级签字，GC1 级管道的管道材料等级表和管道应力分析计算书要有设计申请人签字。

### 4.2.3 设计人员管理

从事压力容器和压力管道设计、设计审核和批准的人员，必须具备相应专业设计能力，并且经过专业考核后，取得相应的审批人员和设计人员资格后方可从事相关工作。

一般，取得高级别资质的设计审核人员，同时会具备低级别资质的压力容器和管道设计审核资格。例如，对于压力容器，获得 A 级或者 C 级压力容器设计许可的设计单位和审批人员，即具备 D 级压力容器设计资格和设计审批资格，但是取得 SAD 级（压力容器分析设计）压力容器设计许可的设计单位和审批人员，必须同时具备 A 级、C 级或 D 级压力容器设计许可和设计审批资格才能从事相应级别的压力容器分析设计工作；对于压力管道，取得 GA1 级压力管道设计许可的审批人员，也具备 GA2 级中相应品种压力管道的设计资格和设计审批资格。

压力容器、压力管道相关设计人员、审批人员的资质有效期为 4 年。有效期满后，相关人员需重新进行考核换证。其中，经专业考核合格的压力容器设计、审批人员，在其考核有效期内，如果参加 2 次及以上相关机构组织的专业培训，并经过考核合格的，在其资质有效期届满后可以免除考核，直接换证。

设计审批人员工作单位发生变动时，需办理相关的变更手续。在考核有效期内，设计、校核人员每年要进行有关法规、安全技术规范、标准以及本职工作应具备知识和能力等方面的培训考核。

除上述要求外，设计相关人员同时应具备自己岗位所需要的能力。其中，技术负责人要能够对重大技术问题做出正确决定；设计批准人员还要求具有 3 年以上的设计审核经历，并要求具有高级技术职称，能指导各级设计人员执行相关法律法规、规范及标准；审核人员要求具有 3 年以上设计校核经历，并要求具有中级及以上技术职称，能指导各级设计、校核人员按照相关法律法规规范及标准进行相关工作，能解决设计、安装和生产中的技术问题；校核人员则要求有 3 年以上相应设计经历，具有初级及以上技术职称，能够指导设计人员进行设计工作，同时要求有相应的压力容器或压力管道设计成果并已投入制造、使用；设计人员要求能够在审核人员的指导下独立完成设计工作，同时具有初级（含初级）技术职称和一年以上设计经历。

对于压力容器 SAD 级各级设计人员，需具备下述基本要求：具有压力容器相关专业本科以上学历，同时具有 2 年以上压力容器常规设计经历，能够应用包括有限元法在内的应力分析专业知识，能够独立完成分析设计的相应设计、校核、审核工作，并使用计算机进行应力分析计算，并能按照标准对分析结果进行评定。满足上述要求外，还需经压力容器分析设计的设计人员或者相应审批人员专业考核合格后，才能从事压力容器分析设计工作。

### 4.2.4 监督检查

设计单位在日常管理中，应做到以下要求。

ⅰ. 在《设计许可证》有效期内从事批准范围内的设计，不得随意扩大设计范围。禁止在外单位设计的图纸加盖本单位特种设备设计许可印章。

ⅱ. 对本单位设计的设计文件质量负责。

ⅲ. 进行技术培训，有计划安排设计人员深入制造、安装、使用现场，结合设计学习有关实践知识，不断提高各级设计人员能力和技术水平。

ⅳ. 落实各级设计人员责任制。

ⅴ. 建立设计工作档案。

ⅵ. 针对不同级别的压力容器和压力管道，履行不同的审批手续，且审批手续完善。

ⅶ. 设计工作能够遵循有关法规、安全技术规范、标准。

ⅷ. 对设计、校核人员，每年进行有关法规、安全技术规范、标准以及本职工作应具备知识和能力等方面的培训考核，具备相应能力后，方可独立工作。

ⅸ. 设计审批人员工作单位变动时，必须办理相关的变更手续。

ⅹ. 压力容器每年第 1 季度内向许可实施机关报送上年度综合报告，并且抄报相应的鉴定评审机构；压力管道每一项工程完工后，在 1 月内向所在省级质量技术监督部门进行设计竣工告知。

当设计单位有以下情况时，根据情节严重程度，由许可实施机关（国家质检总局或省级质量技术监督部门）按照有关规定进行通报批评或者取消设计许可资格。

ⅰ. 设计文件超出《设计许可证》批准的类别、品种或者级别范围。

ⅱ. 主要设计文件没有特种设备设计许可印章，加盖的特种设备设计许可印章已作废，或者为复印形式。

ⅲ. 设计单位有外单位设计审批人员签字，或者标题栏内没有按照有关规定履行签字手续。

ⅳ. 在外单位的图样上签字或者加盖特种设备设计许可印章。

ⅴ. 因设计违反现行法规、安全技术规范、标准等规定，导致重大经济损失或者事故。

ⅵ. 涂改、转让或者变相转让《设计许可证》。

## 4.3 承压设备制造的安全监察管理

### 4.3.1 制造单位的管理

申请压力容器和压力管道制造许可的单位，应具有独立法人资格或营业执照，取得当地政府相关部门的注册登记许可，同时必须具有与所制造产品类别、品种相适应的技术力量、厂房场地及原材料和产品保管场地、工装设备、检测手段、办公条件和健全的制造质量保证体系和质量管理制度，并能严格执行有关规程、规定、标准和技术要求，保证产品制造质量，方可向主管部门和当地特种设备安全监察部门提出制造资格申请。主管部门受理后，对申报资料进行审查。审查通过的制造申请单位应按照鉴定评审要求进行产品试制及型式试验等工作，并约请鉴定评审机构进行鉴定评审，并出具鉴定评审报告。主管审批部门在接到鉴定评审报告后，完成后续审查、批准和颁发安全监察机构（国家质检总局或地方质量技术监督部门）签署的《特种设备制造许可证》。

取得《制造许可证》的压力容器和压力管道制造（包含现场制造、现场组焊、现场粘接）单位应按照批准的范围进行制造，依据有关法规、安全技术规范的要求建立压力容器质量保证体系并有效运行，制造单位及其主要负责人必须对压力容器制造质量负责。制造单位应当严格执行有关法规、安全技术规范及技术标准，按照设计文件的要求制造压力容器。

持证企业不得涂改、转让、转借《制造许可证》。《制造许可证》有效期为 4 年，有效期满 6 个月前，向发证部门的安全监察机构提出申请。制造企业发生更名，产权变更，生产场地变更或有型式试验要求的产品发生主体材料、结构形式、关键制造工艺、产品规格等变更时，应进行变更申报。

### 4.3.2 制造文件的管理

承压设备制造单位应制定制造文件和资料的管理规定，明确管理文件类型，确定文件编制、会签、发放、修改、回收、保管的规定。同时确保使用最新版本的相关标准、规定。

制造工艺是承压设备制造生产的主要依据，科学合理的工艺是保障压力容器产品质量的决定因素。因此必须制定承压设备的制造工艺文件管理规定，内容包括工艺文件编制、发放、更改、审批等内容，同时应制定与承压设备产品相适应的工艺流程图或产品工序过程卡、工艺卡，而且对于主要受压部件的工艺流程卡和指导作业人员的工艺文件也应有明确规定。

焊接是承压设备制造过程中最重要和最常用的材料、结构连接方式，其质量高低直接决定着压力容器产品的质量，因此必须加强焊接过程的管理规定，并确保有效实施。首先，对于焊材的订购、接收、检验、储存、烘干、发放、使用和回收都应制定严格的管理规定。其次，对于焊接人员，应有焊工培训、考核和焊工焊接档案管理的规定，同时应制订适应压力容器产品需要的焊接工艺评定（PQR）、焊接工艺指导书（WPS）或焊接工艺卡，并应满足国家有关技术规范的要求。最后，应有对主要受压元件施焊进行记录的规定，并制定焊缝返修的批准及返工后重新检查和母材缺陷补焊的程序性规定。

承压设备制造过程中会涉及大变形冷加工以及焊接等相变过程的热加工过程，会在材料和结构内部产生巨大残余应力，并可能对材料组织和自身性能产生影响。因此为获得材料预期组织和性能，消除残余应力，对承压设备进行热处理是保障压力容器安全的重要手段。所以应制定热处理工艺文件的管理规定，包括对热处理工艺文件的编制、审批、使用、分发、记录、保存等。还应制定热处理的质量控制管理规定。

对承压设备用材料及对制造过程中可能影响材料组织性能的加工工序后，应通过理化检验来检验材料的成分、组织和性能。因此，应制定理化检验的管理规定，并制定对理化检验结果的确认和重复试验的规定。

无损检测是发现潜在缺陷最直接和有效的方法，是保障承压设备安全的重要手段。制造过程中，应制定无损检测质量控制规定，包括对检测方法的确定、标准规范的选用、工艺的编制批准、操作环节的控制、报告的审核签发和底片档案的管理等。应编有无损检测的工艺和记录卡，并且能满足所制造产品的要求。应制定无损检测人员资格管理的规定。

为检查制造承压设备气密性及其强度，在压力容器出厂前或压力管道竣工前应进行耐压试验，应编制耐压试验工艺和相关程序要求，制定对耐压试验进行质量控制的规定，包括对耐压试验的监督、确认以及对试验过程的安全防护、耐压试验介质和环境温度等的要求。

除应制定上述相关工序的规定外，承压设备制造厂家还应制定检验管理规定、计量与设备控制规定、不合格产品控制规定、质量改进规定、人员培训规定、执行国家承压设备制造许可制度的规定等。此外，对于材料的采购、保管和发放等也应制定相应的管理规定，特别是对于承压设备用材的验收及保管时的识别分类，防止用错材料。

设备出厂或竣工时，承压设备制造单位应当向使用单位提供竣工图样、压力容器产品合格证、产品质量说明书、主要受压元件材料质量证明、外观及几何尺寸检验报告、无损检测报告、热处理报告、压力容器设计文件等资料。对于实施监督检验的产品，还需提供《特种设备监督检验证书》。产品出厂资料或者竣工资料的保存期限不少于压力容器设计使用年限。

### 4.3.3 制造人员的管理

压力容器和压力管道制造及管理人员属于特种设备作业人员，应遵守《特种设备作业人员监督管理办法》规定，经考核合格取得《特种设备作业人员证》，方可从事相应的作业或者管理工作。国家质量监督检验检疫总局负责全国特种设备作业人员的监督管理，县以上质量技术监督部门负责本辖区内的特种设备作业人员的监督管理。

申请《特种设备作业人员证》的人员，应当首先向省级质量技术监督部门指定的特种设备作业人员考试机构（以下简称考试机构）报名参加考试，经考试合格，凭考试结果和相关材料向发证部门申请审核、发证。

特种设备作业人员应当持证上岗，作业时随身携带证件，并自觉接受用人单位的安全管理和质量技术监督部门的监督检查；积极参加特种设备安全教育和安全技术培训；严格执行特种设备操作规程和有关安全规章制度；拒绝违章指挥；发现事故隐患或者不安全因素应当立即向现场管理人员和单位有关负责人报告。

另外，如有需要，相关作业人员还需另外考取安监部门颁发的《特种作业操作证》。

### 4.3.4 制造质量的监督管理

需要进行监督检验（包括现场制造、现场组焊、粘接）的压力容器，制造单位应当约请特种设备检验机构对其制造过程进行监督检验，并且取得《特种设备监督检验证书》。

受检单位在制造投料前将压力容器的设计文件、工艺文件、质量计划文件、耐压试验与泄漏试验文件等技术资料文件提交监检员审查，其中耐压试验监检需监检人员在试验现场。监检人员对相关技术资料和影响基本安全要求的工序进行审查，判断其是否满足《固定式压力容器安全监察规程》、《压力管道安全技术监察规程》要求，并对受检单位的质量保证体系实施情况进行检查和评价。如果检查评价结果符合相关规定，则在设计总图上签字。

如果监检产品为具有相同设计文件、相同工艺文件和相同质量计划的定型产品，监检人员可以按照型号进行设计文件审查。需注意，同批次的首台产品必须进行监检。

进口压力容器监检应符合《固定式压力容器安全技术监察规程》及合同中规定的建造规范、标准。可以在境外对制造过程监检。未能完成境外制造过程监检时，当产品入境达到口岸或者使用地后，再进行检验。

下列产品必须实施制造监检。

ⅰ. 整体出厂的压力容器。

ⅱ. 现场制造、现场组焊、现场粘接的压力容器。

ⅲ. 单独出厂并且具有焊缝的筒节、封头及球壳板，或者采用组焊方法连接的换热管束。

监检工作结束后，监检机构应及时出具监检证书并将相关监检资料存档，相关资料保存期限不少于压力容器设计使用年限。

## 4.4 承压设备安装、改造、维修的安全监察管理

### 4.4.1 安装单位的资质管理

凡是在我国境内从事承压设备安装、改造、维修工作的单位，应当取得国家质量监督检验检疫总局或者省级质量技术监督局颁发的《特种设备安装改造维修许可证》。承压设备安装改造维修许可资质分为1级和2级，其中1级资质许可证由国家质检总局颁发，取得该资

质的单位可从事压力容器安装、改造和维修工作；2 级资质许可证由省级质量技术监督局颁发，取得该资质的单位可从事承压设备维修工作。取得承压设备制造许可资格的单位，除 A3 级仅限球壳板压制和仅限封头制造企业外，可直接从事相应制造许可范围内的压力容器安装、改造和维修工作。

从事承压设备安装、改造、维修的单位必须具有与之从事承压设备安装、改造、维修相适应的资质证书，具有一定的安装、改造、维修经验的专业技术人员和技术工人，且具有与承压设备安装、改造、维修相适应的起重、成形、加工、焊接、防腐、试压、检测等工作需要的生产条件和检测手段。能够建立确保压力容器安装、改造、维修安全性能的质量管理体系等专业技术要求。除此之外，还须满足国家法律规定的法定资格等条件，才能向国家质检总局或省级质量技术监督部门提交《特种设备许可申请书》，相关部门经过受理、鉴定评审、审批后，对符合条件的单位颁发的《特种设备安装改造维修许可证》，该许可证 4 年内在全国范围内有效。

## 4.4.2 安装、改造、维修文件管理

承压设备安装、改造、维修单位应设有专门的资料存放室，存放相关文件资料。

承压设备安装、改造、维修单位对承压设备进行安装、改造、维修时，应及时记录、收集、整理压力容器安装、改造、维修施工质量记录，妥善保存相关压力容器技术资料和相应见证材料，并按照《特种设备安全监察条例》规定，在验收 30 日内将有关技术资料完整移交压力容器使用单位存档。使用单位应当将其存入该特种设备的安全技术档案。相关资料保存时间不少于压力容器设计使用年限。

另外，高耗能特种设备还应当按照安全技术规范的要求提交能效测试报告。

## 4.4.3 安装、改造、维修人员管理

承压设备安装、改造、维修人员属于特种设备作业人员，其作业人员必须具有特种设备作业人员证。

另外，从事承压设备安装、改造、维修的电工必须具有特殊工种资格证。

## 4.4.4 安装、改造、维修质量的监督管理

取得相关资质的承压设备安装改造维修单位，接受各级质量技术监督部门的监督管理。监督管理部门发现相关单位有违反《特种设备安全监察条例》、安全规范行为时，应当按照《特种设备安全法》规定，立即予以制止，甚至建议发证机关暂停或吊销许可资格，并出具安全性能监督检验工作联络单或者安全性能监督检验意见书。对于严重问题，应及时报告当地质量技术监督部门。

在承压设备进行安装、改造与重大修理前，要将施工方案和质量计划提交监检员审查，审查批准手续、设计单位同意文件及材料、焊接、热处理、无损检测耐压试验等技术要求，并按照规定明确监检项目。施工前，对受检单位施工现场条件与质量保证体系实施进行检查，检查受检单位能否有效实施质量保证体系，审查相关人员资质等。施工时，对施工过程进行监检，检查缺陷是否完全清除，以及施工过程中涉及材料、无损检测、热处理、外观与

几何尺寸等是否符合规定。施工竣工后，要对竣工资料进行审查，审查内容包括对改造与重大修理的质量证明文件及改造与重大修理部位竣工图。审查合格后，监督机构应及时向压力容器安装、改造、维修单位出具监督检验报告。

承压设备以下改造与重大修理必须实施监检。

ⅰ. 改变主要受压元件结构或者改变运行参数、盛装介质、用途等使用条件，并且需要进行耐压试验的改造。

ⅱ. 主要受压元件的更换、矫形、挖补，以及壳体对接接头的补焊或者粘接，并且需要重新进行焊后热处理或者耐压试验的重大修理。

## 4.5 承压设备使用的安全监察管理

### 4.5.1 安全运行管理

承压设备使用单位应当按照《特种设备使用管理规则》的有关要求，对承压设备进行使用安全管理，设置安全管理机构，配备安全管理人员和作业人员，办理使用登记，建立各项安全管理制度，制定操作规程，并进行检查。

承压设备使用单位应成立特种设备安全管理机构，负责落实使用单位承担的相关义务，贯彻执行特种设备相关法律、法规及安全规范和相关标准。特种设备管理人员包括主要负责人和安全管理人员。

主要负责人是承压设备使用单位的实际最高管理者，对其单位所使用的特种设备安全节能总负责。

安全管理人员包括安全管理负责人、安全管理员和节能管理人员。

安全管理负责人是指承压设备使用单位最高管理层中，主管本单位承压设备使用安全的管理人员。安全管理负责人应取得相应的承压设备安全管理人员资格证书。其主要职责包括以下几点。

ⅰ. 协助主要负责人履行本单位承压设备安全的领导职责，确保本单位承压设备安全使用。

ⅱ. 宣传、贯彻《中华人民共和国特种设备安全法》以及有关法律、法规、规章和安全技术规范。

ⅲ. 组织制定本单位承压设备安全管理制度，落实承压设备安全管理机构设置、安全管理员配置。

ⅳ. 组织制定承压设备事故应急专项预案，并且定期组织演练。

ⅴ. 对本单位承压设备安全管理工作实施情况进行检查。

ⅵ. 组织进行隐患排查，并且提出处理意见。

ⅶ. 当安全管理员报告承压设备存在事故隐患应当停止使用时，立即做出停止使用设备的决定，并且及时报告本单位主要负责人。

安全管理员是指具体负责承压设备使用安全管理的人员，上岗时应该取得相应特种设备安全管理人员资格证书，主要职责如下。

ⅰ. 组织建立承压设备安全技术档案。

ⅱ. 办理承压设备使用登记。

ⅲ. 组织制定承压设备操作规定。

ⅳ. 组织开展承压设备安全教育和技能培训。

ⅴ. 组织开展承压设备定期自行检查。

ⅵ. 编制承压设备定期检验计划，督促落实定期检验和隐患治理工作。

ⅶ. 按照规定报告特种设备事故，参加承压设备事故救援，协助事故调查和善后处理。

ⅷ. 发现承压设备事故隐患，立即进行处理，并及时报告本单位安全管理负责人。

ⅸ. 纠正和制止承压设备作业人员的违章行为。

节能管理人员主要是针对锅炉等高耗能特种设备使用单位，负责宣传贯彻特种设备节能的法律法规。锅炉使用单位的节能管理人员应当组织制定本单位锅炉节能制度，对锅炉节能管理工作实施情况进行检查；建立锅炉节能技术档案，组织开展锅炉节能教育培训，编制锅炉能效测试计划，督促落实锅炉定期能效测试工作。

除设置承压设备安全管理机构和相关安全责任管理人外，承压设备使用单位还需依照特种设备相关法律、法规、规章和安全技术规范要求，建立健全承压设备使用安全节能管理制度。制度至少包括以下内容。

ⅰ. 承压设备安全管理机构和相关人员岗位职责。

ⅱ. 承压设备经常性维护保养、定期自行检查和有关记录制度。

ⅲ. 承压设备使用登记、定期检验、锅炉能效测试申请实施管理制度。

ⅳ. 承压设备隐患排查治理制度。

ⅴ. 承压设备安全管理人员与作业人员管理和培训制度。

ⅵ. 承压设备采购、安装、改造、修理、报废等管理制度。

ⅶ. 承压设备应急救援管理制度。

ⅷ. 承压设备事故报告和处理制度。

ⅸ. 高耗能承压设备节能管理制度。

### 4.5.2 运行档案管理

承压设备使用单位应当逐台建立承压设备安全与节能技术档案。

安全技术档案应至少包括以下内容。

ⅰ. 使用登记证。

ⅱ. 特种设备使用登记表。

ⅲ. 特种设备设计、制造技术资料和文件，包括设计文件、产品质量合格证明、安装及使用维修保养说明、监督检验证书、型式试验证书等。

ⅳ. 特种设备安装、改造和修理方案，图样、材料质量证书和施工质量证明文件，安装改造维修监督监理检验报告、验收报告等技术资料。

ⅴ. 特种设备定期自行检查记录和定期检验报告。

ⅵ. 特种设备日常使用状况记录。

ⅶ. 特种设备及其附属仪器仪表维护保养记录。

ⅷ. 特种设备安全附件和安全防护装置校验、检修、更换记录和有关报告。

ⅸ. 特种设备运行故障和事故记录及事故处理报告。

特种设备节能技术档案包括锅炉能效测试报告、高耗能特种设备节能改造技术资料等。

### 4.5.3 操作人员管理

承压设备操作人员，应当取得相应的承压设备作业人员资格证书，持证上岗。其主要职责如下。

ⅰ. 严格执行承压设备有关安全管理制度，并且按照操作规程进行操作。

ⅱ. 按照规定填写作业、交接班等记录。

ⅲ. 参加安全教育和技能培训。

ⅳ. 进行经常性维护保养，对发现的异常情况及时处理，并且做出记录。

ⅴ. 作业过程中发现事故隐患或者其他不安全因素，应当立即采取紧急措施，并且按照规定程序向承压设备安全管理人员和单位有关负责人报告。

ⅵ. 参加应急演练，掌握相应的应急处置技能。

承压设备使用单位应根据本单位承压设备数量、特性等配备相应持证的承压设备作业人员，并且在使用承压设备时应当保证每班至少有一名持证作业人员在岗。

### 4.5.4 运行设备的监督管理

承压设备使用单位按照规定在设备投入使用前或投入使用后30日内，向所在地负责特种设备使用登记部门申请办理《特种设备使用登记证》。特种设备安全监管部门按照要求办理特种设备使用登记。

已经使用的特种设备，根据设备风险状况，按照分类监管原则，确定监督检查重点，制定监督检查计划，对本行政区域内的特种设备使用安全、高耗能特种设备节能实施情况进行现场监督检查。

县级以上地方各级人民政府负责特种设备安全监督管理的部门对本行政区域内特种设备使用安全、高耗能特种设备节能实施监督管理。国家质检总局对全国特种设备使用安全、高耗能特种设备节能的监督管理工作进行监督和指导。

## 4.6 承压设备的检验管理

### 4.6.1 检验机构的资质管理

从事承压设备的监督检验、定期检验、型式试验检验检测工作的特种设备检验检测机构，由国家质检总局和省级质量技术监督部门进行核准管理。其中，国家质检总局负责受理、审批综合检验机构和无损检测机构，并颁发《特种设备检验检测机构核准证》（以下简称《核准证》）；省级质量技术监督部门负责受理、审批其他检验检测机构，颁发《核准证》。

申请单位首先向相关主管部门提出申请《特种设备检验检测机构核准证》，经主管部门受理后，申请单位约请经国家质检总局公布的评审机构进行鉴定评审，并提交评审鉴定报告及相关资料，经主管部门审批合格的申请机构，予以批准，并由国家质检总局颁发《核准证》。取得《特种设备检验检测机构核准证》的单位在《核准证》许可范围及规定区域内进行相关检验检测工作。

持有《审核证》的检验检测机构，其机构名称、地址、所有制形式、隶属关系等在有效期内发生变更时，应向原核准实施机关办理变更备案，并告知其所在地质量技术监督部门。

从事无损检测工作机构的管理按照 TSG Z7005—2015《特种设备无损检测机构核准规则》进行。

### 4.6.2 检验仪器设备的管理

承压设备检验机构必须有与所从事的检验检测工作相适应的检验检测仪器和设备，其基本设备配备如下。

ⅰ. 检验设备：测厚仪、X 射线机、数字式超声波探伤仪、磁粉探伤机、观片机、内窥镜、光谱仪、便携式金相仪、便携式硬度仪、黑度计、耐压试验设备、安全阀校验装置等。

ⅱ. 量检具：3m 钢卷尺、150mm 钢直尺、125mm 游标卡尺、焊缝规、塞尺等。

ⅲ. 工具：专用检验锤、放大镜、手电筒、测电笔等。

ⅳ. 安全照明设备。

除此之外，对于不同要求承压设备的检验，还需其他检验设备，具体设备要求见 TSG Z7001—2004《特种设备检验检测机构核准准则》。

上述检验设备必须有专用仪器设备室存放，并制定相关仪器设备操作规程、仪器设备核查规程、仪器设备自校准规定对仪器设备进行使用管理。

### 4.6.3 检验档案管理

检验机构依法从事相关检验检测工作，客观、公正、及时地出具检验检测结果、鉴定结论，并妥善留存检验检测中的各项记录和技术资料，并培养、配备适量人员从事特种设备技术档案工作，明确其岗位职责，确保检验报告（证书）及其原始记录等技术资料符合规定的储存条件和保存时间。

### 4.6.4 检验人员的管理

从事承压设备监督检验、定期检验和型式试验的特种设备检验检测人员应当经过专业培训，并经国务院特种设备安全监督管理部门组织考核合格，取得检验检测人员证书，方可从事检验检测工作。

检验检测人员从事检验检测工作，必须在特种设备检验检测机构执业，但不得同时在两个以上检验检测机构中执业。

检验机构应当建立人员培训和管理制度，并根据有关人员的实际情况制定培养计划，并对每位人员规定接受必要的岗前培训、岗位培训以及继续培训，以确保检验检测人员能力。

# 第5章
# 典型过程装备安全技术

本章主要针对几种典型过程装备进行安全技术分析，包括锅炉、承压设备、油气输运设备和典型过程流体机械等。

## 5.1 锅炉安全技术

### 5.1.1 锅炉结构及特点

**(1) 锅炉概念**

锅炉是生产蒸汽的设备，它把燃料的化学能转变为热能，再利用热能产生蒸汽。锅炉按用途分为电站锅炉、工业锅炉、机车锅炉、船舶锅炉和生活锅炉。按结构分为火管锅炉、水管锅炉两种，目前大型锅炉多采用水管锅炉。按压力分为低压、中压、高压、超高压、亚临界和超临界锅炉多个等级，锅炉实物参见图5-1。

图5-1 典型锅炉实物图

锅炉在运行时，不仅要承受一定的温度和压力，而且要遭受介质的侵蚀和飞灰磨损，因此具有爆炸的危险。如果锅炉在设计制造及安装过程中存在缺陷或年久失修、违反操作规程，都可能出现严重的事故。

**(2) 锅炉的结构与工作原理**

整个锅炉由锅炉本体和辅助设备两部分组成。锅炉本体是锅炉设备的主要部分，是由"锅"和"炉"两部分组成的。"锅"是汽水系统，它的主要任务是吸收燃料放出的热量，使水加热、蒸发并最后变成具有一定参数的过热蒸汽。"锅"由省煤器、汽包、下降管、联箱、水冷壁、过热器和再热器等设备及其连接管道和阀门组成。"炉"是燃烧系统，其任务是使燃料在炉内良好地燃烧，放出热量，由炉膛、燃烧器、点火装置、空气预热器、烟风道及炉墙、构架等组成。

主要辅助装备包括碎煤机、输煤装置、送引风机及管道、给水装置、排污系统、水处理设备及管道、除尘及除灰系统、输渣装置、控制系统等。锅炉上还安装了很多安全附件和仪表，主要包括：安全阀、水位计、压力表、温度表、流量计、压力及水位声光报警装置、联锁保护装置等。阀门主要有主汽阀、排污阀、止回阀等。

锅炉的"锅"与"炉"两部分同时进行工作，水进入锅炉后，汽水系统中锅炉受热面将吸收的热量传递给水，使水加热成一定温度和压力的热水或生成蒸汽，并被引出应用。在燃烧设备部分，燃料燃烧不断放出热量，燃烧产生的高温烟气通过热的传播，将热量传递给锅炉受热面，而烟气本身温度逐渐降低，最后由烟囱排出。

## 5.1.2 锅炉设备安全

### 5.1.2.1 锅炉的安全要求

锅炉是具有高温、高压的热能设备，属于特种设备之一，在各行各业广泛使用。锅炉一旦发生事故，涉及公共安全，将会给国家和人民生命财产造成巨大损失。依据国务院《特种设备安全监察条例》，使用锅炉应注意以下安全事项。

ⅰ. 锅炉出厂时应当附有安全技术规范要求的设计文件、产品质量合格证明、安全及使用维修说明、监督检验证明（安全性能监督检验证书）。

ⅱ. 从事锅炉的安装、维修、改造的单位应当取得省级质量技术监督部门颁发的《特种设备安装改造维修许可证》。施工单位在施工前将拟进行安装、维修、改造情况书面告知直辖市或者辖区的特种设备安全监督管理部门，并将开工告知送当地县级质量技术监督局备案，告知后即可施工。

ⅲ. 锅炉安装、维修、改造的验收。施工完毕后施工单位要向质量技术监督部门特种设备检验机构申报进行锅炉的水压试验和安装监检。合格后由质量技术监督部门、特种设备检验机构、县质量技术监督局参与整体验收。

ⅳ. 锅炉的注册登记。锅炉验收后，使用单位必须按照《特种设备注册登记与使用管理规则》的规定，填写《锅炉（普查）注册登记表》，到质量技术监督局注册，并申领《特种设备安全使用登记证》。

ⅴ. 锅炉的运行。锅炉运行必须由经培训合格，取得《特种设备作业人员证》的持证人员操作，使用中必须严格遵守操作规程和八项制度、六项记录。

ⅵ. 锅炉的检验。锅炉每年进行一次定期检验，未经安全定期检验的锅炉不得使用。锅炉的安全附件安全阀每年定期检验一次，压力表每半年校验一次，未经定期检验的安全附件不得使用。

ⅶ. 严禁将常压锅炉安装为承压锅炉使用。严禁使用水位计、安全阀、压力表三大安全附件不全的锅炉。

#### 5.1.2.2 锅炉的安全设计

锅炉设计时遵循标准 GB/T 16507《水管锅炉》、GB/T 16508《锅壳锅炉》，以及 2013 年 6 月 1 日起施行的《锅炉安全技术监察规程》，上述标准给出了锅炉设计的基本要求。

**(1) 材料**

锅炉受压元件金属材料、承载构件材料及其焊接材料应当符合相应国家标准和行业标准的要求，受压元件金属材料及其焊接材料在使用条件下应当具有足够的强度、塑性、韧性以及良好的抗疲劳性能和抗腐蚀性能。具体要求为：

ⅰ. 锅炉受压元件和与受压元件焊接的承载构件钢材应当是镇静钢；

ⅱ. 锅炉受压元件用钢材室温夏比冲击吸收能量（$KV_2$）不低于 27J；

ⅲ. 锅炉受压元件用钢板的室温断后伸长率（$A$）应当不小于 18%。

设计超临界及以上锅炉受热面管子设计选材时，应当充分考虑内壁蒸汽氧化腐蚀。

**(2) 结构**

设计时，需满足锅炉结构的基本要求如下。

ⅰ. 各受压部件应当有足够的强度；

ⅱ. 受压元件结构的形式、开孔和焊缝的布置应当尽量避免或者减少复合应力和应力集中；

ⅲ. 锅炉水循环系统应当能够保证锅炉在设计负荷变化范围内水循环的可靠性，保证所有受热面都得到可靠的冷却；受热面布置时，应当合理地分配介质流量，尽量减小热偏差；

ⅳ. 炉膛和燃烧设备的结构以及布置、燃烧方式应当与所设计的燃料相适应，并且防止炉膛结渣或者结焦；

ⅴ. 非受热面的元件，壁温可能超过该元件所用材料的许用温度时，应当采取冷却或者绝热措施；

ⅵ. 各部件在运行时应当能够按照设计预定方向自由膨胀；

ⅶ. 承重结构在承受设计载荷时应当具有足够的强度、刚度、稳定性及防腐蚀性；

ⅷ. 炉膛、包墙及烟道的结构应当有足够的承载能力；

ⅸ. 炉墙应当具有良好的绝热和密封性；

ⅹ. 便于安装、运行操作、检修和清洗内外部。

锅炉本体受压元件的强度可以按照 GB/T 9222《水管锅炉受压元件强度计算》或者 GB/T 16508《锅壳锅炉》进行计算和校核。A 级锅炉范围内管道强度可按照 DL/T 5054《火力发电厂汽水管道设计规定》进行计算；B 级及以下锅炉范围内管道强度可按照 GB 50316《工业金属管道设计规范》进行计算。

#### 5.1.2.3 锅炉主要安全附件

锅炉上的安全附件主要是指安全阀、压力表、液位计和液位报警器。

**(1) 安全阀**

当锅炉汽水系统超压时，安全阀自动开启，排汽泄压，并发出警报；当压力降到允许值后，安全阀又能自动关闭，让锅炉在允许压力范围内继续运行。常见锅炉安全阀为弹簧式安全阀和杠杆式安全阀。

**(2) 压力表**

压力表是测量和指示锅炉汽水系统压力大小的仪表，有现场指示表和通过变送器远传至控制室的指示表。其中远传表可以设置超压报警功能。防止超压是保证锅炉安全运行的基本要求。

压力表的结构简单，使用方便，但由于其作用非常重要，为了确保压力表的长期可靠运行，压力表至少每半年应校验一次。

**(3) 液位计**

液位计是显示汽包内液面高低的仪表，包括现场液位计和通过变送器远传至控制室的液位计。其中现场安装的液位计是根据连通器内液柱高度相等的原理设计的，用于观察液位的通常是一段玻璃管或空心玻璃板；远传液位计是通过将液位转换成压力信号，再通过变送器来实现信号传递的，其原理与远传压力表类似。操作人员通过液位计观察和调节汽包的液位，防止发生锅炉缺水或满水事故。

**(4) 液位报警器**

液位报警器在锅炉液位发生异常（高于最高安全液位或低于最低安全液位）时发出报警，提醒操作人员采取措施，消除险情。

## 5.1.3 锅炉设备的安全运行与管理

### 5.1.3.1 锅炉设备安全运行与管理措施

ⅰ. 锅炉房一般应单独建造，每层至少有两个出口，分别设在两侧，门应向外开，在锅炉运行期间不准锁住，锅炉房内的工作室或生活室的门应向锅炉房内开。

ⅱ. 锅炉在使用前应按照《特种设备安全监察条例》的规定，办理有关手续。

ⅲ. 锅炉的操作人员应经过培训，取得相应的作业证书。

ⅳ. 建立健全锅炉安全运行操作规程、岗位记录和管理制度，锅炉维护维修和检查检验规章制度，以及锅炉及其操作人员技术档案。

ⅴ. 重视锅炉水质处理，防止锅炉结垢造成事故。

ⅵ. 加强锅炉运行安全管理、停炉和开炉的安全管理，防止各种事故发生。

ⅶ. 运行锅炉应每年进行一次停炉内外部检验，每 6 年进行一次水压试验。

ⅷ. 蒸汽锅炉运行中遇有下列情况之一时，应立即停炉。锅炉水位降到规定的水位极限以下时；不断加大锅炉给水及采取其他措施，但水位仍继续下降时；锅炉水位已经升到运行规程规定的水位上位极限以上时；给水机械全部失效；水位表或安全阀全部失效；锅炉元件损坏，危及运行人员安全；燃烧设备损坏，炉膛倒塌或锅炉构架被烧红；其他异常运行情况。

### 5.1.3.2 常见锅炉事故与处理

锅炉在运行和试运行时，锅炉本体（指给水阀、主汽阀、排污阀以里，包括各种阀门、仪表）、燃烧室、主烟道或构架发生异常，造成人身、设备两个方面中，有一个以上方面受到损失的事件，叫做锅炉事故。

工业锅炉设备承受高温、高压、介质侵蚀，经常在启动、停炉及负荷频繁波动情况下工作，当管理不良时，有发生事故的危险。锅炉事故是锅炉设备中存在不安全因素的最高表现，是没有做好锅炉安全工作的结果，锅炉事故常常会造成重大的人身伤亡和经济损失。

**(1) 锅炉缺水事故与处理**

缺水会使锅炉蒸发面的管子过热变形，严重时使管子破裂，甚至发生炉管爆炸。即使不发生爆炸，也会使炉子受到破坏。

当锅炉上所有直观水位表内看不见水位时，须立即停炉，关闭蒸汽阀和给水阀。然后，对锅炉水位表通水孔高于锅炉受热面最高火界和水容量较大的锅炉进行“叫水”操作；对水位表通水孔低于锅炉受热面最高火界和水容量小的锅炉，不能采用“叫水”操作，否则会延误对锅炉缺水事故处理的时间，使事故扩大。

处理锅炉缺水事故时，严禁司炉工采用多次间断给水、每次少量上水的方法来掩盖锅炉缺水事故，否则是危险的。

**(2) 锅炉满水事故及处理**

汽包水位高于最高安全水位的情况叫满水。其主要危害是降低蒸汽品质，严重时液态水进入蒸汽管道和过热器，造成水击。水击可能造成管路和设备损坏。

当锅炉上所有直观水位表内看不见水位时，须立即停炉，关闭给水阀和主汽阀，打开排污阀，使锅炉放水，这里必须严格注意水位表，当水位表中出现水位且降到正常水位时，要立即关闭排污阀。检查锅炉给水系统是否正常，如果有异常情况，必须排污后再启动锅炉恢复运行。

锅炉满水事故处理应注意：避免将缺水当作满水或把满水当作缺水来处理，使事故扩大。同时，锅炉上装有高低水位报警器，有利于司炉工正确判断锅炉内缺水还是满水。但有司炉工不采用勤上水、每次小量上水、保持水位表内水位波动小的操作方法，而是采取上水次数少、每次上水量大、使水位表内水位波动大的操作方法。因此，一旦司炉工不注意，高低水位警报器就发出信号，为了使警报器不“吵人”，人为地把声信号关闭，只留光信号。当司炉工犯困或精神不集中时，没有看到光信号，就会失去声信号对司炉工的警告作用。

**(3) 锅炉超压事故及处理**

锅炉超压事故，是指锅炉在运行中，锅内的压力超过最高许可工作压力而危及锅炉安全运行的事故。锅炉超压事故是危险性比较大的事故之一，常常是锅炉爆炸的直接原因。

锅炉超压事故处理措施：保持水位表内水位正常；减弱燃烧；安全阀失灵而不能自动排气时，可以人工启动安全阀排气，或者打开锅炉上的放空阀，使锅炉逐渐降压；进行给水和排污，降低锅内温度；检查锅炉超压原因和本体有无损坏后，再决定停炉或恢复运行。

锅炉发生超压时，严禁降压速度过快，甚至很快将锅内压力降至零。锅炉超压事故消除后，必须对锅炉进行严格的检查，如果有变形、渗漏等，要慎重处理。

**(4) 锅炉汽水共腾事故**

锅炉汽水共腾事故，是指锅炉在运行中，锅内的汽、水不能进行完善的分离，大量锅水由蒸汽带出而危及锅炉安全运行的事故。

锅炉汽水共腾事故的处理：减弱燃烧，减少锅炉蒸发量，关小主汽阀，降低负荷；完全开启上锅筒的表面排污阀，如有必要，适当开启下锅筒的定期排污阀，同时加强给水，注意保持正常水位；采用锅内投药水处理的锅炉，应停止投药；开启过热器、蒸汽管道和集气包等处的疏水阀门进行疏水；通知水质化验人员作锅水和蒸汽含水量测定；通知用汽部门减少用汽量；在水位未稳定、锅水水质未达到规定前，不要增加负荷及减少排污量；事故消除后，应冲洗水位表。

**(5) 锅炉爆管事故**

锅炉爆管事故，是指锅炉在运行中炉管发生破裂的事故。

当发生锅炉爆管事故时，如果炉管破裂泄漏不严重、能保持锅炉水位且故障不会迅速扩大时，可以短时间内降低负荷运行，等备用炉启动运行后再停炉。如果备用炉迟迟不能立即投入使用，而且听到炉内响声增大，见到漏水增大时，不能等备用炉启动后再停炉，应立即停炉。如果是严重爆管，必须采取紧急停炉措施。如果锅炉房内多台锅炉共享一根蒸汽母管和给水母管时，要严格注意保证正常运行锅炉的安全使用，防止事故锅炉的主蒸汽阀和给水阀关闭不及时而影响正常锅炉的运行。

**(6) 锅炉过热器爆管事故**

锅炉水冷壁管和对流管内的工质是水或蒸汽混合物，在正常情况下，管壁的工作温度比较低。过热器内的工质是饱和蒸汽和过热蒸汽，即使在正常情况下，管壁的工作温度也比较高。因此，过热器管要比水冷壁管和对流管的事故敏感性高。根据实际经验，对装有过热器的锅炉要比无过热器锅炉的管理更为严格和复杂，否则，会经常发生过热器爆管事故。

发生锅炉过热器爆管事故时，如果过热器轻微泄漏，可适当降低锅炉蒸发量，在短时间内继续运行，此时应经常检查泄漏情况，并尽快启动备用锅炉，当备用锅炉启动后再停炉。如备用锅炉迟迟不能启动而故障加剧时，则应尽快停炉。如果过热器管损坏严重时，必须及时停炉，防止从损坏的过热器管中喷出的蒸汽吹损邻近的过热器管，使事故扩大。停炉后应关闭主蒸汽阀门和给水阀门，保持至少一台引风机继续运转，以排除炉内的烟气和蒸汽。

**(7) 锅炉省煤器管损坏事故**

装有省煤器的锅炉，可以降低锅炉的排烟温度和提高进水温度，对节约能源和改善锅内过程有一定作用。省煤器的工作温度一般比较低，但在锅炉运行事故中，省煤器管的损坏事故仍然比较多。因为现用的工业锅炉大部分没有采用除氧水，使省煤器管内壁受到氧腐蚀，省煤器管的外壁受到烟气中的硫腐蚀。同时，省煤器管内的动压力和静压头要比锅筒或炉管高，采用间断给水的锅炉，省煤器的压力波动比较频繁，因此省煤器管容易发生损坏。

当发生锅炉省煤器管损坏事故时，对可分式省煤器，首先开启旁路烟道门，然后关闭主烟道门（注意先后次序不能颠倒），再关闭省煤器的进出口阀门，用锅炉的旁路给水管道直接上水，锅炉可保持运行。如果可分式省煤器损坏，可以进行不停炉修理，但必须注意安全，不能保证安全的，应采取紧急停炉措施。对不可分式省煤器，在增加锅炉给水量保持水位的情况下，适当降低锅炉的蒸发量，并尽快启动备用锅炉投入运行或增强其他运行锅炉的蒸发量后，再停止使用。如果不能保持水位的，应立即紧急停炉。对不可分式省煤器损坏后，可以暂时运行的锅炉，要关闭锅炉上所有的放水阀门，禁止开启省煤器与锅筒间的再循环管上的阀门。一旦发现水位迅速降低则必须立即紧急停炉。此时，不关闭引风机或保留一台继续运行，以排除烟道内的蒸汽和烟气。

**(8) 锅炉燃烧室、烟道爆炸和尾部烟道燃烧事故**

如果发现烟气温度不正常地升高时，应首先立即查明原因并校验仪表指示的准确性，然后采取下列措施：加强燃烧调整，解决不正常的燃烧方式；对受热面进行吹灰。

如果燃料在烟道内发生再燃烧，排烟温度超过所规定的数值时，应立即停炉（省煤器须通水冷却)；关闭送风系统、燃烧室、烟道的所有门孔，严禁通风，投入灭火装置，或利用油枪向燃烧室喷入蒸汽；当排烟温度接近喷入蒸汽温度后，稳定1h以上，方可打开检查门孔检查；在确认无火焰后，可启动引风机，逐渐开启烟道门。通风5～10min，再根据具体情况，决定重新点火或停炉。

严格按照悬浮燃烧锅炉的点火操作顺序进行点火。如果一次点火没有成功，必须重新按照点火操作顺序进行第二次点火。当燃料已喷入燃烧室内但没有点燃时，在不进行强烈通风排除炉内爆炸性气体混合物的情况下，严禁进行再次点火。

对锅炉燃烧室或烟道严重爆炸事故，按锅炉爆炸事故处理。即抢救伤亡人员→切断电源、燃料源、气源、水源→灭火→保护事故现场→向上级报告和组织事故调查。

**(9) 锅炉的水冲击事故**

蒸汽与低温水的温度差较大，当蒸汽遇到水或水遇到蒸汽时，会发生剧烈的热交换，使部分蒸汽体积突然缩小造成局部真空，会在有限的容积内，发生汽水冲击。管道内有水有汽时，由于两相的流速不一致，产生汽阻，也会发生水冲击。在蒸汽管道、给水管道、锅筒、省煤器内发生水冲击时，会产生强烈的声响和振动，使管子固定支架松动、管子法兰口泄漏、管子焊缝开裂、管子上阀门盖打出等。严重时还会造成锅炉振动，甚至引起锅炉房振动等，严重影响锅炉的安全运行。

蒸汽管道内水冲击事故的处理：单台锅炉运行在开启主汽阀时，如果发现蒸汽管道内有水冲击声，应停止供汽；多台锅炉并列在运行时，如果发现蒸汽管道内有水冲击声，应停止并列。蒸汽管道内发生水冲击，必须进行疏水和暖管。设有过热器的锅炉在锅炉点火时，必须开启过热器集箱上的疏水阀门。属于蒸汽带水量过大而造成蒸汽管道内水冲击的，除加强对管道疏水外，还应注意以下事故：锅炉水位保持正常水位，不能过高；锅炉是否有汽水共腾或满水事故；锅炉不能超出额定负荷过多；锅炉内汽水分离器是否有故障。对蒸汽管道上的支架、法兰、焊缝接口及管道上所有的阀门进行检查，如有严重损坏，应进行修理或更换。

锅筒内水冲击事故的处理：锅筒内水位偏低时，应适当提高水位。锅炉点火时，因使用蒸汽加热不当而产生水冲击时，应适当关小加热蒸汽阀门或暂时停止加热。提高进水温度，适当降低进水压力，使进水均匀平稳。采取以上措施后，当锅炉给水时，锅筒内仍发生水冲击声并有严重的振动，应紧急停炉，进行检查。

给水管道内水冲击事故的处理：当给水管道发生水冲击时，可适当关小给水阀门，若还不能消除时，则改用备用给水管道供水。如果无备用给水管道或其他措施无效时，应停炉。如果是锅炉给水阀门后的给水管道发生水冲击，可以关闭给水阀门，开启省煤器与锅筒的再循环管阀门，而后再缓慢开启给水阀门来消除给水管道内的水冲击。开启给水管道上的空气阀，排除给水管道内的空气或蒸汽。检查给水管道上的逆止阀和给水泵是否正常。保持给水压力和温度的稳定。

省煤器内的水冲击事故的处理：非沸腾式省煤器在生火时发生水冲击，应适当延长生火时间，并增加上水与放水的次数，保证省煤器出口水温达到规定要求。开启省煤器集箱上的空气阀，排尽内部的空气。检查省煤器进水口管道上的逆止阀，如发现不正常，应进行修理或更换。省煤器集箱内有隔水板的锅炉，如发生水冲击时，先降低锅炉的负荷，然后用表面测温仪器，测量省煤器露在烟道外的各管组管端的温度，如果发生各管组之间温度提升的幅度不正常，就可以找到省煤器集箱内隔水板脱落或严重渗漏的部位，从而进行停炉修理准备。

## 5.2 承压设备安全技术

本节主要介绍压力容器、反应设备、换热设备等的安全技术。

### 5.2.1 压力容器安全技术

#### 5.2.1.1 压力容器的基本结构及其特点

**(1) 压力容器的基本结构**

压力容器的结构如图 5-2 所示，由基本承压部件和附件组成。从图中可以看出，影响压力容器安全的主要部分是承压部件。压力容器设计的重点就是这些承压部件的正确选用、合理设计结构、保证有足够的强度、刚度与稳定性。

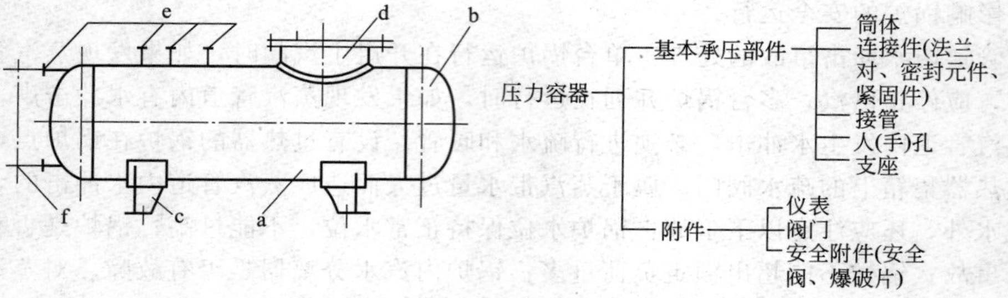


图 5-2 压力容器的基本结构和组成

a—筒体；b—封头；c—支座；d—人孔；e—接管；f—液位计

**(2) 压力容器的结构特征**

中低压容器有如下的结构特征。

ⅰ. 壁厚较小，直径范围宽，制造较易，一般用金属板材卷焊制造，密封结构较简单，常用螺栓—垫片—法兰连接的强制密封结构。

ⅱ. 中低压容器的几何形状通常为圆筒形或球形，也有其他形状。

ⅲ. 中低压容器的封头结构形式很多，主要有平板、锥形、无折边球形、碟形、椭球形、半球形等。

高压容器的结构特征是：壁厚、外观细长、密封要求高。

#### 5.2.1.2 压力容器安全

压力容器设计与安装过程中，都要遵循一定的安全标准，才能保证其安全运行。压力容器设计从安全角度考虑应包括强度安全设计和结构安全设计。

**(1) 强度安全设计**

强度安全设计指在确定的容器结构尺寸下，所选材料在容器寿命期内有足够抵抗各种载荷和经受周围环境条件破坏的能力。

压力容器设计的目的是把容器可能发生的破坏从工程设计角度限制在安全水平之内，即依据特定的使用条件，有效地利用选定材料的强度或刚度，使容器或其部件在设计寿命内不失去正常工作能力。

常规容器的设计经常采用弹性失效设计准则。在内压力等静载荷作用下，容器壁中的最大当量应力（$\sigma_d$）不应超过材料的弹性极限，并考虑应力分析、材料性质等方面估计的不精确性，采用通过安全系数（$n$）确定的许用应力（$[\sigma]$）来代替弹性极限。

对受均匀内压力的薄壁圆筒容器而言，弹性失效设计准则是以筒体的环向薄膜应力作为最大当量应力，使其保持在材料的许用应力之内，从而确定它的计算壁厚。

当量应力是理论假设得到的相当应力，以代替容器实际受到的复杂应力，并将它与该容器材料的简单拉伸或压缩试验中得到的弹性或塑性极限值（$\sigma$）进行比较。

压力容器设计规范中应用较早又较广泛的一种强度理论是“最大正应力理论”，该理论假设容器材料受到多向应力，若其最大主应力等于或大于同样材料的被检件在简单拉伸试验中失去弹性时的最大正应力，容器即告破坏。

**(2) 结构安全设计**

结构安全设计指设计容器的总体或局部结构时，尽量避免制造和使用中附加的削弱容器强度的因素。常规压力容器设计，除了通过计算来保证容器总体的强度、刚度和稳定性要求外，还要在结构上采取措施，减少附加应力和应力集中程度。此外，合理的结构也是方便制造、检验，保证容器制造质量的重要措施。

压力容器设计过程中，要在总体或局部结构、焊接结构和接头型式等方面遵循便于制造、利于检验、避免局部附加应力和应力集中的一般性原则。具体应用来说，大致有以下几个方面。

防止压力容器各承压部件连接处的几何形状、厚度、材料和载荷（包括温度）等突变形成的总体和局部结构不连续产生的过高的局部应力，可以采用圆滑过渡或斜坡过渡形式消除几何形状或厚度的突变。

容器设计规范规定，凸形封头或球壳的开孔最大直径不超过壳体内直径的 1/2；即使一般性开孔，必要时也要有局部补强措施，如采用补强圈、厚壁接管或整体补强等。采用高应力区与强度薄弱环节错开分隔，在凸形封头过渡部分一般不开孔，以避免与封头过渡区不连续效应叠加；又如使接管、支座避开筒体纵环焊缝；筒体或其他受压元件的拼接焊缝应彼此错开一定距离等。

合理选择焊接结构和接头型式，如避免未焊透结构和刚性焊接结构，优先采用等厚对接接头，尽量少用连接强度差的搭接和未焊透的角接接头，以减少焊接变形和附加应力。

检验部位要方便无损检验，以准确发现制造缺陷。如整体补强的接管比补强圈补强的接管容易进行超声波检验。

**(3) 压力容器安全装置的作用与类型**

由于某些物理或化学因素的影响，压力容器不可避免地会发生超压现象。一旦发生超压，需要自动、及时、迅速泄压，保证压力容器安全运行。

压力容器安全装置按照功能可分成安全泄压装置、显示和报警装置、安全连锁装置三类。

安全泄压装置的作用在容器或系统，介质压力超过其设定的安全压力时，自动开启，迅速泄压，但在正常工作压力下，该装置不起作用。超压泄放装置包括安全阀、爆破片及其它们的组合等。

显示和报警装置可显示容器运行过程中的压力、温度、液位等状况，它包括压力表、液面计、测温仪表等。有些附带有自动报警作用，能在超限时，发出声光等预警信号。

安全连锁装置的作用是防止人为的错误操作或难以预料的工艺状况的变动，能按设定的工艺参数自行调节和控制，同时具有显示或报警作用。

对压力容器安全装置有以下两个基本要求。

ⅰ. 选用的安全装置要满足设备的工艺操作要求。如压力和温度等，且有良好的密封性，其所用的材料要适应黏性大、毒性大、腐蚀性强、压力有波动等介质特性。

ⅱ. 安全装置的结构要能及时迅速排放器内介质，泄压反应快、动作及时、无明显的滞后现象。从定量上要求安全装置的排放量 $G$ 大于安全泄放量 $W_s$，即 $G \geqslant W_s$。

### 5.2.1.3 压力容器的安全运行与管理

**(1) 压力容器安全运行要求**

ⅰ. 压力容器设计及其制造必须按《压力容器安全监察规定》中规定的符合等级类别的设计制造单位进行，其受压元件焊接工作，必须由经过考核合格的焊工担任。焊缝的表面质量必须符合规定质量标准，并作表面检测，不允许有裂纹、气孔、凹坑和肉眼可见的夹渣等缺陷。

ⅱ. 压力容器制成后必须进行耐压试验，必要时还应进行气密性试验。

ⅲ. 压力容器应按规定装设安全阀、爆破片、压力表、液面计、温度计及切断阀等安全附件。在容器运行期间，应对安全附件加强维护与定期校验，保持齐全、灵敏、可靠。

ⅳ. 压力容器的用户，必须向当地压力容器安全监察机构登记并取得使用证，才能将设备投入运行。使用单位应根据设备数量和安全性能要求，设专门机构或专职技术人员，加强压力容器的安全技术管理，建立和健全安全管理制度。

ⅴ. 压力容器的用户，应根据生产工艺要求和容器的技术性能制定安全操作规程，并严格执行。

ⅵ. 压力容器应定期进行检验，每年至少一次外部检查，每 3 年至少进行一次内外部检验，每 6 年至少进行一次全面检验。使用期达 20 年的，每年至少进行一次内外部检验，并根据检验情况，确定全面检验时间和做出能否使用的结论。

ⅶ. 压力容器的壳体及受压元件不得有裂纹存在。经内外部检验发现有严重裂纹的容器，应分析原因，采取措施加以消除、修理、更换或报废。

**(2) 压力容器的安全操作与管理**

ⅰ. 操作人员必须遵守压力容器安全操作规程。

ⅱ. 压力容器操作人员必须是受过培训，经过考核并取得操作资格证书的人员，必须了解压力容器基本结构和主要技术参数，熟悉操作工艺条件。

ⅲ. 应做到平稳操作，缓慢加压和卸压，缓慢地升温和降温，运行期间，保持压力和温度的相对稳定。

ⅳ. 严禁超温、超压运行。

ⅴ. 做好班前、班中和班后的检查工作，及时发现设备的不正常状态，及时采取措施进行处理。

ⅵ. 认真填写操作记录。

ⅶ. 掌握紧急情况的处理方法，发生故障，严重威胁安全时，应立即采取紧急措施，停止容器运行，并报告有关部门。

ⅷ. 压力容器必须按规定定期检验，保证压力容器在有效的检验期内使用，否则不得使用。

ⅸ. 操作人员要加强压力容器运行期间的巡回检查（包括工艺条件、容器状况及安全装置等），发现不正常情况立即采取措施进行调整或排除，以免恶化；当发现容器出现故障或问题时应立即处理，并及时报告本单位相关负责人。

## 5.2.2 反应设备安全技术

### 5.2.2.1 反应设备的结构及特点

流程工业生产的典型流程如图 5-3 所示。化学反应通常需要适宜的反应条件，如温度、压力、反应物组成等，特别是温度尤为重要。反应器内的过程不仅具有化学反应特征，而且具有传递过程的特征。因此除了考虑遵循化学反应动力学外，还必须考虑流体动力学、传质、传热以及宏观动力学因素对反应的影响。只有综合考虑反应器内流动、混合、传热、传质和反应等诸多因素，才能做到反应器的准确选型、合理设计、有效放大和最佳控制等。在生产过程中，为化学反应提供反应空间和反应条件的装置就是反应设备。

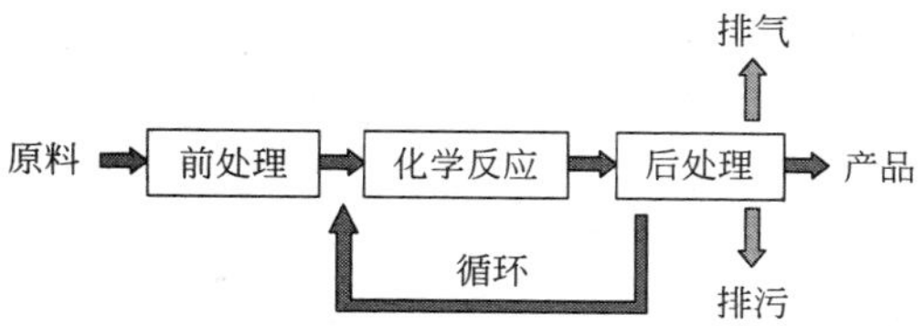

图 5-3 流程工业生产的典型流程

反应设备的作用：通过对参加反应介质的充分搅拌，使物料混合均匀；强化传热效果和相间传质；使气体在液相中均匀分散；使固体颗粒在液相中均匀悬浮；使不相容的另一液相均匀悬浮或充分乳化。

反应设备按结构型式分类可分为搅拌釜式反应器、管式反应器、塔式反应器、固定床反应器、流化床反应器等。塔式反应器主要包括鼓泡塔反应器、填料塔反应器、板式塔反应器、喷淋塔反应器等。

### 5.2.2.2 反应设备安全

反应设备中存在的原料中间体和产品具有易燃、易爆和腐蚀性，影响生产的工艺因素较多，要求的工艺条件苛刻，且过程装备向着大型化、连续化自动化以及智能化的方向发展，生产的系统性和综合性很强。其主要危险有害因素分析及解决方案如下。

**(1) 投料失误**

进料速度过快、进料配比失控或进料顺序错误，均有可能产生快速放热反应。如果冷却不能同步，形成热量积聚，造成物料局部受热分解，形成物料快速反应并产生大量有害气体发生爆炸事故。

对于反应温度在 100℃以下的物料加热系统，可采用蒸汽和热水分段加热，在保证物料不因局部过热出现变质的情况下，先用蒸汽中速加热到 60℃左右，以提高生产效率，再用 100℃沸腾水循环传热，缓慢升温到工艺规定的温度并保温反应。

**(2) 管道泄漏**

进料时，对于常压反应，如果放空管未打开，此时用泵向反应器内输送液体物料时，釜内易形成正压，易引起物料管连接处崩裂，物料外泄，造成人身伤害事故。卸料时，如果釜内物料在没有冷却到规定温度时（一般要求是 50℃以下）卸料，较高温度的物料容易变质且易引起物料溅落而烫伤操作人员。

为了防止釜内在反应开始时未打开放空阀，应采取连锁紧急泄压防崩裂措施。或者在反应釜的顶部安装压力表，利用电脑对其进行控制，压力过大时能自动提醒操控人员。

**(3) 升温过快**

如果釜内物料加热速度过快，冷却速率低，冷凝效果差，均有可能引起物料沸腾，形成汽液相混合体，产生压力，系统会从放空管、汽相管等薄弱环节和安全阀、爆破片等卸压系统实施卸压冲料。如果冲料不能达到快速卸压的效果，则可能引起釜体爆炸事故的发生。为了有效阻止压力升高过快造成的爆炸事故，应设置连锁冷却装置，当加热速度过快时，会打开自动进行降温。

**(4) 维修动火**

在釜内物料反应过程中，如果在没有采取有效防范措施的情况下实施电焊、气割维修作业，或紧固螺栓、铁器撞击敲打产生火花，一旦遇到易燃易爆的泄漏物料就可能引起火灾爆炸事故。

操作人员必须正确认识动火管理的重要性，增强安全意识，切实实施切断、隔离、置换、清洗、通风等安全技术措施，按程序做好初审、复查、批准、监护、清理、验收等安全管理措施。

另外，反应设备中还会预置安全阀、爆破片、阻火器及安全水封等相应的安全装置及附件，以确保反应设备的安全运行。

### 5.2.2.3 反应设备的安全运行与管理

**(1) 安全安装**

ⅰ. 反应设备应安装在坚固、平整的工作台上，工作台高度根据使用情况决定，设备与工作台四周应留有一定的空间（≥3600mm），以便安装与后期维修。

ⅱ. 安装时要求传动轴与地水平面垂直，倾斜度（不垂直度）不得大于设备总高度的1/1000。

ⅲ. 设备本身各工艺接管上的自备件、安全阀，必须按反应设备要求配备。

ⅳ. 安装完毕，检查各连接部件及传动部位是否牢固可靠，各连接管道、管口、密封件及整机做气密试验，应无跑、冒、滴、漏现象。

ⅴ. 开机前减速机注入机械润滑油，打开电机防护罩，用手转动风叶检查有无卡带现象，搅拌桨有无刮壁现象，清理釜内污物，方可开机。空车运转 30min 无不正常噪声、振动，方可正式投料生产。

**(2) 注意事项**

ⅰ. 加料时要严防金属硬物掉入设备内，运转时要防止设备受振动，检修时按化工厂反应装备维护检修规程执行。

ⅱ. 尽量避免冷罐加热料和热罐加冷料，严防温度骤冷骤热。

ⅲ. 尽量避免酸碱液介质交替使用。

ⅳ. 检查与反应釜有关的管道和阀门，在确保符合受料条件的情况下，方可投料；检查搅拌电机、减速机、机封等是否正常，减速机油位是否适当，机封冷却水是否供给正常；在确保无异常情况下，启动搅拌，按规定量投入物料。

**(3) 避免违章作业和操作失误**

违章作业的主要表现如下。

ⅰ. 未对设备进行置换或置换不彻底就试车或打开人孔进行焊接检修，空气进入设备内形成爆炸性混合物而爆炸。由此发生爆炸事故的次数最多，在小氮肥生产中尤为严重。

ⅱ. 用可燃性气体（如合成系统的精炼气、碳化系统的变换气）补压、试压、试漏。

ⅲ. 未作动火分析、动火处理（如未加盲板将检修设备与生产系统进行隔离、盲板质量差或采用石棉板作盲板），未办理动火证就动火作业。

ⅳ. 带压紧固设备的阀门和法兰的螺栓。

ⅴ. 盲目追求产量，超压、超负荷运行。

ⅵ. 擅自放低储槽液位，使水封不起作用或因岗位间没有很好配合，造成压缩机、泵抽负，使空气进入设备形成爆炸性混合物。

ⅶ. 设备运行中离岗，没有及时发现设备内工艺参数的变化，致使系统过氧爆炸。

操作失误主要类型如下。

ⅰ. 设备置换清扫时，置换顺序错误。

ⅱ. 操作中错开阀门、开关阀门不及时或开关阀门顺序错误，致使设备憋压或气体倒流超压，引起物理爆炸。

ⅲ. 投料过快或加料不均匀引起温度剧增，使设备内母液凝固。

ⅳ. 未及时排放冷凝水或操作不当，使设备操作带水超压。

ⅴ. 由操作原因引起的压缩机、泵抽负，使空气进入设备，形成爆炸性混合物。

ⅵ. 过早地停泵停水，造成设备局部过热、烧熔、穿孔。

ⅶ. 投错物料，使其在回收工序中受热分解爆炸。

ⅷ. 错开油罐出口阀，导致冒顶外溢，遇明火爆炸。

## 5.2.3 换热设备安全技术

### 5.2.3.1 换热设备结构及特点

换热设备是实现热量从热流体传递到冷流体的装置。换热设备是过程工业必不可少的单元设备，广泛用于石油、化工、轻工、制药、食品、机械、冶金、动力等工程领域中。

对换热设备的设计要求如下。

ⅰ. 换热效率高、流体阻力小、满足工艺要求。

ⅱ. 强度足够，结构合理、运行安全可靠。

ⅲ. 便于制造、安装、操作及检修。

ⅳ. 节省材料、成本低，经济合理。

换热设备设计规范有：GB 151—2014《热交换器》；GB/T 150—2011《压力容器》；NB/T 47003.1—2009《钢制焊接常压容器》。

换热设备可以按照不同的方式进行分类，主要分类方法有：按传热方式或工作原理分为间壁式、混合式及蓄热式（或称回热式）三大类；按照换热器用途分加热器、冷凝器、重沸器、冷却器、预热器、蒸发器；按所用材料分金属材料换热器、非金属材料换热器；按冷热流体相对流动方向及换热面的组合方式分顺流、逆流、交叉流和混流。

### 5.2.3.2 换热设备安全

#### (1) 换热设备常见故障

**泄漏** 换热设备结构比较复杂，里面的介质一般具有腐蚀作用，加上焊缝接头部位较多，很容易造成泄漏，引起燃烧、爆炸、窒息、中毒和灼伤事故。易燃液态物料泄漏溢出，当裂口较小时，泄漏物料边流散、边蒸发，物料蒸气易于聚集，构成潜在爆炸危险源。当裂口较大或内压较大时，物料呈喷泻状，比空气轻的物料蒸气会扩散到大气中，比空气重的则在地面附近扩散形成云雾层，其火灾爆炸危险性很大。高温换热设备泄漏的液体物料，若其温度高于自燃点，则泄漏出来即自燃。有害气体外泄易造成中毒事故。强腐蚀性物料泄漏，则会导致灼伤事故。由于设备管道阀门密封失效，空气渗入到设备内也可能形成爆炸性混合物。

最易发生泄漏的部位在焊接接头处、封头与管板连接处、管束与管板连接处和法兰连接处。

造成泄漏的主要原因有：因腐蚀介质如蒸汽雾滴硫化氢等严重腐蚀引起列管泄漏；换热器本身制造缺陷，焊接质量差，焊接接头泄漏；开停车频繁，温度变化过大，设备急剧膨胀或收缩，使管板处泄漏；因温度升高（150℃以上），螺栓伸长，紧固部位松动，引起法兰密封处泄漏；因管束组装部位松动、管子振动、开停车和紧急停车等机械冲击而引起泄漏。

**设备缺陷引起爆炸**　自制换热器、盲目将设备结构和材质作较大改动、制造焊接质量差、不符合压力容器规范，使设备强度大大降低，从而造成爆炸事故。

**设备失效引发严重事故**　冷凝或冷却换热设备发生故障，造成冷却剂供应不足，起不到冷凝或冷却作用，后果严重。如未经冷凝冷却的油品或油气进入储罐，会导致罐内油品或罐内沉积水层沸腾，未经冷凝的易燃液体蒸气在罐区扩散。在连续蒸馏操作中，冷却冷凝不足会导致大量蒸气从储槽等部位逸出，构成火灾危险。

换热器内管程破裂，会发生两种流体串流。如化肥厂换热器管板破裂，使气体走短路，管内半水煤气泄入管间变换气中，使变换气中一氧化碳升高，可能引发严重生产事故。

管壳式换热器的管束是薄弱环节，最容易失效。管束失效的形式主要有腐蚀开裂、碰撞破坏、管子切开、管子与管板连接处破坏等。许多小氮肥厂的碳化冷却水箱，在高浓度碳化氨水的腐蚀和碳酸氢铵结晶腐蚀双重作用下，有时仅使用二三个月就发生开裂。

**设备结垢引起危险**　换热器管束内外壁都可能会结垢，污垢层的热阻要比金属管材大得多，从而导致换热能力迅速下降，并且增大流体阻力和加速壁面腐蚀。结垢严重时将会使换热介质流道阻塞，一方面有增压的可能；另一方面堵塞的管子内无介质流动，若壳程为高温介质，这些已堵管子内温度会明显增高，导致已堵管和未堵管的温差增大，加速破坏。

换热器长期不排污，易燃易爆物质积累过多，加之操作温度过高，会导致换热器发生爆炸事故。如氯碱厂电解生产中，液氯换热器中过量积聚三氯化氮，易发生爆炸。

**违章操作引起事故**　操作违章或失误，阀门关闭，引发超压爆炸。如果操作条件不稳定或操作控制不当，频繁地开停车，超温超压运行，易导致设备泄漏和失效。

**(2) 防火防爆安全措施**

**设备的设计、制造应符合要求**　换热器的设计制造应符合国家标准和规范要求，图纸修改与变动必须经主管部门同意。要保证焊接质量，并对焊缝进行严格检查和验收，杜绝因设备缺陷诱发的事故。

**防止泄漏**　换热设备应尽量减少法兰连接，少用密封垫。对于采用法兰连接的密封处，螺栓随温度上升而伸长，紧固部位发生松动，在操作中应重新紧固螺栓，或采用自紧式结构螺栓。

对于腐蚀性介质应选择耐腐蚀材料的或进行防腐处理的换热设备，如石墨、塑料，以及内搪玻璃、内涂防腐漆等类换热器。还可采用增加管壁厚度或在流体中加入腐蚀抑制剂（缓蚀剂）的方法减少腐蚀危害。换热器停车后，必须将器内残留的流体彻底排出，以防冻结和腐蚀。

预防冷热流体相互串流，严禁用性质相抵触的物质作制冷（热）剂。

加强换热设备的检查和维护，建立可靠的自动控制系统以利于及早发现，迅速控制，预防泄漏。

在设备试压或操作中，一旦发现泄漏，应迅速采取补救措施，避免泄漏继续。采用堵管的方法进行修复时要慎重，在可以更换管子的场合，应尽量拆管更换，而不用堵管。

**及时清理污垢** 定期检查和清洗换热器。如果发现压力损失增加，换热温度达不到设计工艺参数要求，传热系数下降，传热效果恶化，说明管束内外有结垢和堵塞。应根据污垢的性质和工作量的大小选用适宜的方法清理。对于易结垢流体，可定期短时地增加流量或进行逆流操作，以除去内壁的污垢。也可根据流体性质注入适宜的活性药品，将污垢去除。停车清洗可用水力、化学试剂和机械方法进行。水力清洗是利用高压泵喷出高压水以清除换热器外侧污垢；化学清洗是采用化学药品等在换热器内部循环，将污垢溶解除去；机械清洗用于管子内部清洗，在一根圆棒或管子的前端装上与管子内径相同的刷子、钻头、刀具，插入到管子中，边旋转边向前或向下推进以除去污垢。定期地选用正确方法清除污垢，是保证换热设备安全运行的有效措施。

**设置安全保护和灭火设施** 在可能发生泄漏区域，设置检测报警装置。发生泄漏时，及时控制点火源并采用水枪喷雾驱散等紧急措施。

换热设备区，应有防止易燃液体流散的围堰。该区的下水道应设水封井，防止着火油品、可燃气体和蒸气蔓延。为了保证不凝可燃气体排空时的安全，可充氮保护，最好采用密闭式排空的火炬系统。换热器附近应备有蒸汽灭火管线。

**严格操作** 换热器开车时应先通入低温流体，当流体充满换热器后再缓缓通入高温流体，以免由于温差大，流体急速通入而产生热冲击。停车时首先切断高温流体，待装置停车前再切断冷流体。当生产需要先切断低温流体时，可采用旁路或其他方法，同时停止高温流体供给，防止因热膨胀使设备遭到破坏。

严格控制温度和压力，保证温度和压力在规定的范围之内，使其操作条件平稳。为此，要保持冷却剂连续供给，杜绝中断。火灾危险性大的物料的冷凝、冷却系统，冷却剂的供给动力源应采用双电路供电，输送泵应设有备用泵，换热器的进出口管线应有温度和压力控制仪表和温度自动检测和报警装置。

#### 5.2.3.3 换热设备的安全运行

为了保证换热器长久安全运行，必须正确操作和使用换热器，并重视对其的维护、保养和检修。将预防性维护摆在首位，强调安全预防，减少任何可能发生的事故，这就要求掌握换热器的基本操作方法、运行特点和维护经验。

**(1) 换热器的操作**

ⅰ. 投运前应检查压力表、温度计、液位计以及有关阀门是否齐全好用。

ⅱ. 输进蒸汽前先打开冷凝水排放阀门，排除积水和污垢；打开放空阀，排除空气和其他不凝性气体。

ⅲ. 换热器投运时，要先通入冷流体，缓慢或分数次通入热流体，做到先预热后加热，切忌骤冷骤热，以免换热器受到损坏，影响其使用寿命。

ⅳ. 进入换热器的冷热流体如果含有大颗粒固体杂质和纤维质，一定要提前过滤和清除（特别是对板式换热器），防止堵塞通道。

ⅴ. 经常检查两种流体的进出口温度和压力，发现温度、压力超出正常范围或有超出正常范围的趋势时，要立即查出原因，采取措施，使之恢复正常。

ⅵ. 定期分析流体的成分，以确定有无内漏，以便及时处理。对列管式换热器可进行堵管或换管，对板式换热器可进行修补或更换板片。

ⅶ. 定期检查换热器有无渗漏、外壳有无变形以及有无振动，若有应及时处理。

ⅷ. 定期排放不凝性气体和冷凝液，定期进行清洗。

**(2) 换热器的维护和保养**

① 列管式换热器的维护和保养：

ⅰ. 保持设备外部整洁、保温层和油漆完好；

ⅱ. 保持压力表、温度计、安全阀和液位计等仪表和附件的齐全、灵敏和准确；

ⅲ. 发现阀门和法兰连接处渗漏时，应及时处理；

ⅳ. 开停换热器时，不要将阀门开得太猛，否则容易造成管子和壳体受到冲击，以及局部骤然胀缩，产生热应力，使局部焊缝开裂或管子连接口松弛；

ⅴ. 尽可能减少换热器的开停次数，停止使用时，应将换热器内的液体清洗放净，防止冻裂和腐蚀；

ⅵ. 定期测量换热器的壳体厚度，一般两年一次。

② 板式换热器的维护和保养：

ⅰ. 保持设备整洁、油漆完好，紧固螺栓的螺纹部分应涂防锈油并加外罩，防止生锈和黏结灰尘；

ⅱ. 保持压力表、温度计灵敏、准确，阀门和法兰无渗漏；

ⅲ. 定期清理和切换过滤器，预防换热器堵塞；

ⅳ. 组装板式换热器时，螺栓的拧紧要对称进行，松紧适宜。

③ 换热器的定期清洗　换热器经过一段时间的运行，传热面上会产生污垢，使传热系数大大降低而影响传热效率，因此必须定期对换热器进行清洗，由于清洗的困难程度随着垢层厚度的增加而迅速增大，所以清洗间隔时间不宜过长。

根据国标 GB 151—2014《热交换器》的要求，要加强对换热设备运行的维护工作，及时排除可能存在的结垢、热膨胀及噪声等问题，保证换热设备的安全正常运行。

## 5.3 油气储运设备安全技术

### 5.3.1 油气储运设备结构特点及安全

常见的油气储运设备及其安全附属装置包括：储罐、管阀件、增压设备、油品装卸设备、计量设备和油品加热设备，其各自结构与特点如下。

**(1) 储罐**

用于储存液体或气体的密封容器即为储罐，储罐大多采用钢制材料制成。钢制储罐是石油、化工、粮油、食品、消防、交通、冶金、国防等行业必不可少的、重要的基础设施。常见储罐有如下几类。

**锥顶储罐** 储罐顶部为圆锥形。根据储罐直径的大小，锥顶可以设计成自支撑式、梁柱式和桁梁式三种。图 5-4 为锥顶储罐示意图。其中，自支撑式的锥顶载荷靠锥顶板周边支撑于罐壁上。支撑式锥顶载荷由梁和柱承担。锥顶储罐特点是耗钢量大、施工困难。

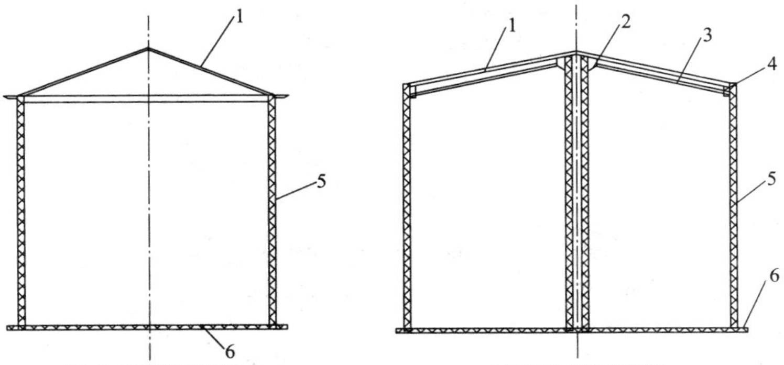


(a) 自支撑锥顶储罐　　(b) 支撑式锥顶储罐

图 5-4　锥顶储罐示意图

1—锥顶板；2—中间支柱；3—梁；4—承压圈；5—罐壁；6—罐底

**悬链式无力矩储罐** 该类储罐根据悬链线理论用薄钢板和中心柱组成顶部，薄钢板支撑于中心柱和罐壁上，形成一悬链曲线，薄钢板只承受拉力而无弯曲应力，故称“无力矩罐”，参见图 5-5。

悬链式无力矩储罐的优点是顶板随罐内压力变化而起伏，在一定程度上可以减少蒸发损耗。其缺点是板薄易腐蚀穿孔、量油操作行走不便、罐顶易疲劳破坏、结构抗振性差。

**拱顶罐** 罐体直径小于 15m 时，采用光面壳；小于 32m 时，采用带肋壳；大于 32m 时，采用网壳。图 5-6 所示为自支撑拱顶罐示意图。最大拱顶储罐 50000$m^3$，直径 50.3m、高 23.67m。缺点是罐顶气体空间大、呼吸损耗大。

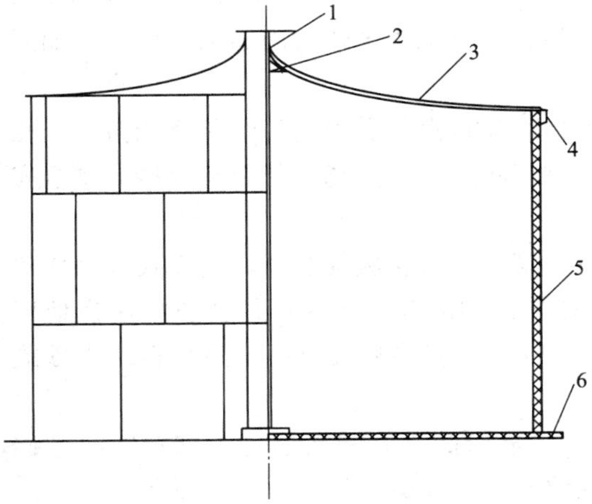


图 5-5　悬链式无力矩储罐示意图

1—中心柱；2—顶部伞形罩；3—悬链板；4—包边角钢；5—罐壁；6—罐底

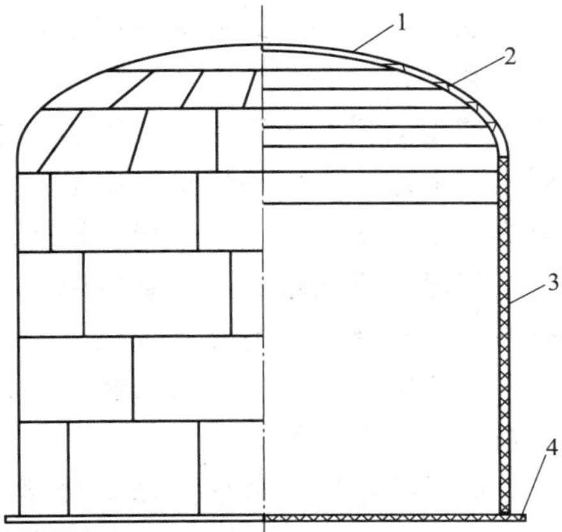


图 5-6　自支撑拱顶罐示意图

1—罐顶；2—包边角钢；3—罐壁；4—罐底

**浮顶储罐** 浮顶储罐有单节式和复节式两种，如图 5-7 所示。其中，单节式浮顶罐的顶、底有一定坡度，顶板坡向中心，利于排出雨水，底板坡度和罐底一致，利于安装。

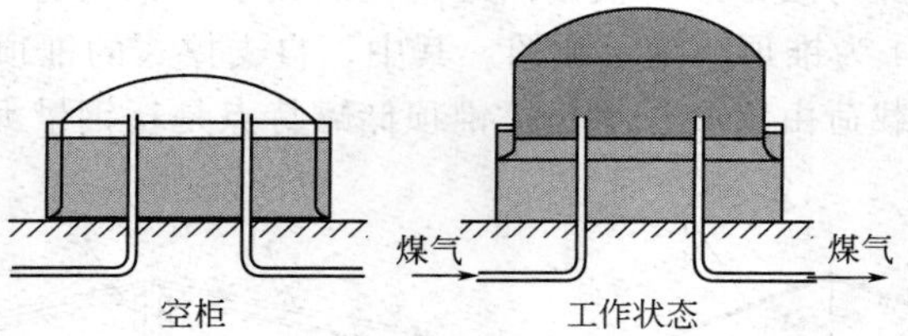

(a) 单节式

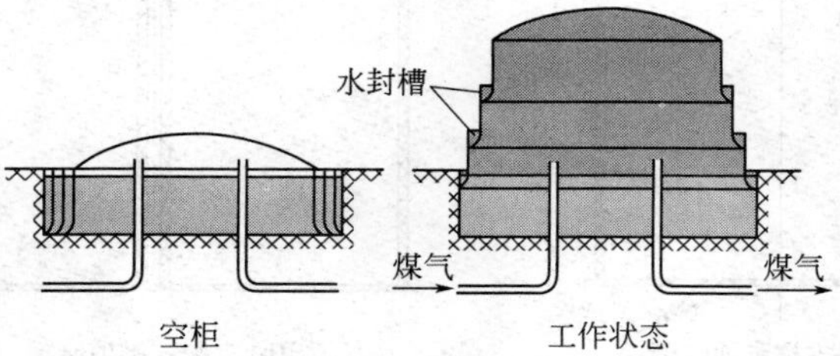

(b) 多节式

图 5-7 湿式气柜

**储气柜** 储气柜是用于储存各种工业气体，同时也用于平衡气体需用量的不均匀性的一种容器设备。按储存压力可分为：低压（0.0015～0.004MPa）、中压（0.006～0.0085MPa）和高压（0.07～3.0MPa）；按密封方式可以分为低压湿式和干式两种。

**卧式圆筒形储罐** 用以储存原油、植物油、化工溶剂、水或其他石油产品的长形容器。卧式油罐是由端盖、卧式罐壁和鞍座所构成，通常用于生产环节或加油站。卧式油罐的容积一般都小于 100m$^3$，罐壁一般为圆形、椭圆形，也有其他不规则形状。

由于它具有承受较高的正压和负压的能力，有利于减少油品的蒸发损耗，也减少了发生火灾的危险性。它可在机械厂成批制造，然后运往工地安装，便于搬运和拆迁，机动性较好。缺点是容量一般较小，用的数量多，占地面积大。它适用于小型分配油库、农村油库、城市加油站、部队野战油库或企业附属油库。在大型油库中也用来作为附属油罐使用，如放空罐和计量罐等。

**球型储罐** 用于储存液体和气体物料的球形容器。其特点是受力均匀，承压能力强；相同容积下球壳表面积最小、质量轻。但由于球形储罐容积大，需现场进行组装焊接，制造安装有一定难度，技术要求相对较高。

**低温双层储罐** 低温储罐用于存放液态氧、氮、氩、二氧化碳等介质，是立式或卧式双层真空绝热储罐，内容器选用材料为奥氏体不锈钢或 16MnDR，外容器材料根据用户地区不同，按国家规定选用为 Q235B、Q245R 或 345R。内、外容器夹层充填绝热材料珠光砂或铝箔、保温棉并抽真空。

储罐按建造材料分为非金属储罐和金属储罐。非金属储罐有钢筋混凝土储罐、砖砌储罐、水封岩洞储罐、玻璃钢储罐等；金属储罐有钢储罐、铝储罐、铝镁合金储罐等。

按设计内压分为常压储罐（$p<6$kPa）、低压储罐（$p<103.4$kPa）和压力储罐（$p>103.4$kPa）。

根据建造位置分为地上储罐、地下储罐、半地下储罐、洞中储罐、高架储罐、海中储罐等。

**(2) 管阀件**

油库及集输泵站管路常用管材有钢管、耐油胶管、软质输油管等。固定输油管路多用钢管。耐油胶管主要用于机动装、卸、输油设备，管线连接的活动部位，抽底油管等。

油库常用的胶管主要有输油胶管、重型输油胶管、钢丝编织输油胶管、军工夹布胶管、飞机加油胶管及通风胶管等。

阀门是流体输送系统中的控制部件，具有截断、调节、导流、防止逆流、稳压、分流或溢流泄压等功能。

**(3) 增压设备**

增压设备是用以给储罐内气体或液体增加压力的装置。主要包括液相增压设备、气相增压设备、多相增压设备。

气体增压设备适用于需要使原空压系统提高压力的工作环境中，能够将工作系统的空气压力提高到 2～5 倍，仅需将工作系统内的压缩空气作为气源即可。常用的气体增压设备包括活塞式压缩机、离心式压缩机、轴流式压缩机、螺杆式压缩机、单螺杆式压缩机、滑片式压缩机等。

液体增压设备工作介质可为液压油、水及大部分化学腐蚀性液体，液体输出压力可高达 640MPa，可靠性高，免维护，寿命长，广泛服务于电力、石化、冶金等工业企业。

气驱液体增压泵是一种柱塞式泵，将气体压力转换成液体压力。工作时，增压泵迅速往复工作，随着输出压力接近设定压力值，泵的往复速度减慢直至停止。此时，泵输出压力恒定，能量消耗最低，各部件停止运动。

**(4) 油品装卸设备**

油品装卸设备主要包括铁路装卸油设备和水路装卸油设备。铁路装卸油设备主要指油罐车、铁路装卸油鹤管、铁路装卸油栈桥。水路装卸油设备是指输油臂。

**(5) 计量设备**

计量设备主要包括流量计、压力表、温度计、液位计。

流量计是用于测量管道或明渠中流体流量的一种仪表，工程上常用单位为 $m^3/h$，它可分为瞬时流量和累计流量。按介质可分为液体流量计和气体流量计。

压力表是指以弹性元件为敏感元件，测量并指示高于环境压力的仪表，主要测量储罐的受压情况。

温度计是可以准确的判断和测量温度的工具，分为指针温度计和数字温度计。主要测量储罐内工质的冷热情况。

测量容器液位的仪表为液位计。液位计的类型有音叉振动式、磁浮式、压力式、超声波、声呐波，磁翻板式、雷达式等。通过液位计可以得到储罐内液体的液位情况。

**(6) 加热设备**

加热设备分为直接加热设备和间接加热设备。直接加热设备主要指管式加热炉，是指炉膛中用火焰直接加热炉管中的原油、天然气、水及其混合物等介质的加热炉。

油田管式加热炉按辐射段的结构和布置形式分为：立式圆筒形加热炉（辐射室为圆筒形、且辐射室为立式布置）、卧式圆筒形管式加热炉（辐射室为圆筒形、且辐射室为卧式布置）、卧式异型管式加热炉（辐射室为非圆筒形、且辐射室为卧式布置）、方箱形管式加热炉四种类型。

间接加热系统由热媒加热系统、原油加热系统和辅助系统构成，主要通过换热器对储罐内工质进行加热。

### 5.3.2 油气储运设备的安全运行与管理

加强油气储运设备安全管理与维护，是改善油气储运工作条件，保障储运设备安全，提高储运质量和经济效益的需要。油气储运设备安全管理的主要内容包括设备的定期体检、压缩机各主要部件的定期保养和维护、油气储运设备管理实行“三定”制度、加强油泵日常维护保养与管理等。

**(1) 对设备进行定期体检**

为了延长设备“寿命”，在设备管理上，应该实行每月定期“体检”，增强设备的“免疫力”。以某油气储运公司为例，长期以来坚持每个月对所有运行设备的振动情况都要进行一次检测，对不符合振动检测标准的运行设备单独核实，及时对存在的问题认真分析原因，找出相应的解决办法，有力地保障了设备设施的安全平稳运行。

**(2) 加强压缩机各主要部件的定期保养和维护**

压缩机是油气储运中的重要设备。为了使压缩机能够正常可靠地运行，保证机组的使用寿命，需制订详细的维护计划，执行定人操作、定期维护、定期检查保养，使压缩机组保持清洁、无油、无污垢。

压缩机冷却润滑油的更换时间取决于使用环境、湿度、尘埃和空气中是否有酸碱性气体。新购置的压缩机首次运行500h须更换新油，以后按正常换油周期每4000h更换一次，年运行不足4000h的机器应每年更换一次。

油过滤器在第一次开机运行300～500h后必须更换，第二次在使用2000h后更换，以后则按正常时间每2000h更换。

维修及更换空气过滤器或进气阀时切记防止任何杂物落入压缩机主机腔内。操作时将主机入口封闭，操作完毕后，要用手按主机转动方向旋转数圈，确定无任何阻碍，才能开机。

在机器每运行2000h左右须检查皮带的松紧度，如果皮带偏松，须调整，直至皮带张紧为止。为了保护皮带，在整个过程中需防止皮带因受油污染而报废。

**(3) 油气储运设备管理要实行“三定”制度**

主要设备实行定机、定人、定岗位的“三定”制度。每台设备的专门操作人员必须经过培训和考试，获得“操作合格证”之后才能操作相关的设备；在采用多班制作业，多人操作设备时，要执行交接班制度；对于新购或经过大修的设备，必须经过磨合期的试运转过程，以延长使用寿命，防止机件过早磨损；此外还要严格实行安全交底制度，使操作人员对施工要求、场地环境、气候等安全生产要素有详细的了解，确保设备使用的安全。

设备在使用过程中，不可避免地会出现各种各样的故障，必须及时采取相应的保护性或适应性维修措施，以防降低设备的使用性能，缩短使用寿命，甚至酿成事故。当设备必须送修时，绝不能允许带病作业，但是在没有场地、设备等必要的条件下，切勿勉强拆修，以切实保证修理质量。拆装要按使用说明书和一定的工艺程序，使用专用工具进行。在拆装前后，零件要摆放整齐，严防磕碰和日晒雨淋。按目前施工生产的特点，设备维修工作可分为故障前的预防性维修和故障后的排障性维修。预防性维修是一种为防止设备发生故障而进行的定期检修业务，定期检查和维修保养，以查明和消除隐患，目前普遍采用的是依据设备的大修和二、三级保养，同期对其进行定期维修的方法。故障后的排障维修是在设备出现故障后进行的有针对性的修理。

**(4) 加强油泵日常维护与保养**

油泵在开始运行初期有少量泄漏是正常的，在经过一定时间运行后泄漏将会减少或停止。选择泵的安装位置时，要使泵盖和轴承座的热量便于扩散，不出现任何蓄热现象。不许用输入管上的闸阀调节流量，避免产生气蚀。

泵不宜在低于30%设计流量下连续运转，如果必须在该条件下运转，则应在出口装旁通管，且使流量达到上述最小值以上。注意泵运行时有无杂音，如发现异常状态，应及时处理。

经常检查地脚螺栓的松紧情况，泵的泵壳温度与入口温度是否一致，出口压力表的波动情况和泵的振动情况等。

**(5) 做到“五交、三不交”**

“五交”是：交生产和工作情况的同时，交设备运行和使用情况；交不安全因素，预防措施和事故的处理情况；交滴漏跑冒情况；交其他重要情况。“三不交”是：遇有设备事故没处理完不交，设备问题不清楚不交，设备卫生不达标不交。

此外，强化特种设备定期检验和维护保养，确保平稳运行，特种作业人员100%持证上岗；完善应急预案，组织防汛、消防和环保等应急演练，有效检验应急体系的完整性和可操作性，这些对油气储运设备的安全运行都非常重要。

## 5.4 过程流体机械安全技术

### 5.4.1 过程流体机械的种类与特点

流体机械是以流体为工质进行能量交换、处理、输送的机械，它是过程装备的重要组成部分。流体机械是过程装备中的动设备，它的许多结构和零部件在高速地运动着，并与其中不断流动着的流体发生相互作用，因而它比过程装备中的静设备、管道、工具和仪器仪表等复杂得多，对这些流体机械所实施的控制也复杂得多。

根据不同的分类方式，流体机械种类也有所不同。

**(1) 按能量的转换分类**

根据能量的转换分为原动机和工作机两大类。原动机是将流体的能量转变为机械能，用来输出机械功，如汽轮机、燃气轮机、水轮机、内燃机等。工作机是将机械能转变为流体的能量，用来改变流体的状态（提高流体的压力、使流体分离等）与输送流体，如压缩机、泵、分离机、鼓风机、通风机等。

**(2) 按流体介质分类**

在流体机械的工作机中，主要有提高气体或液体的压力、输送气体或液体的机械，有的还包括多种流动介质分离的机械。

将机械能转变为气体的能量，用来给气体增压与输送气体的机械称为压缩机。按照气体压力升高的程度，又分为压缩机、鼓风机和通风机等。

将机械能转变为液体的能量，用来给液体增压与输送液体的机械称为泵。在特殊情况下流经泵的介质为液体和固体颗粒的混合物，人们将这种泵称为杂质泵，亦称为液固两相流泵。

用机械能将混合介质分离开来的机械称为分离机。这里所提到的分离机是指分离流体介质或以流体介质为主的分离机。

**(3) 按机械运动形式分类**

按流体机械结构特点分为往复式结构和旋转式结构。

往复式结构的流体机械主要包括往复式压缩机、往复式泵等。这种结构的特点在于通过能量转换使流体提高压力的主要运动部件是在缸中作往复运动的活塞，而活塞的往复运动是靠作旋转运动的曲轴带动连杆和活塞来实现的。这种结构的流体机械具有输送流体的流量较小而单级压升较高的特点，单台机器能使流体上升到很高的压力。

旋转式结构的流体机械主要有各种回转式、各种叶轮式（透平式）的压缩机、泵以及分离机等。其结构的特点在于通过能量转换使流体提高压力或分离的主要运动部件是转轮、叶轮或转鼓，该旋转件可直接由原动机驱动。这类流体机械具有输送流体的流量大而单级压升不太高的特点，为使流体达到较高的压力，机器需由多级组成或由几台多级的机器自联成机组。

## 5.4.2 压缩机安全技术

### 5.4.2.1 容积式压缩机

容积式压缩机是依靠压缩腔的内部容积缩小来提高气体或蒸气压力的压缩机，因而它具有容积可周期变化的工作腔。

按工作腔和运动部件形状，容积式压缩机可分为“往复式”和“回转式”两大类。往复式压缩机的运动部件进行往复运动。回转式压缩机的运动部件做单方向回转运动，有螺杆式和滑片式。

一般流程工业用压缩机要求使用寿命为15年，持续无故障运行时间为8000小时。易损零部件，如气阀与活塞环，低压级为8000小时，中压级为6000小时，高压级为4000小时。

压缩机的可靠性是由零部件的可靠性组成的。压缩机零部件可靠性包括结构设计可靠性、强度可靠性、刚度可靠性和磨损可靠性。

**结构设计可靠性** 合理的结构，合理的形位公差是结构设计可靠性主要内容，是各种可靠性的前提。

**强度可靠性** 在往复压缩机中除连杆螺栓外安全系数都很大，实际上强度方面几乎都是无限寿命零件。

**刚性可靠性** 机身、曲轴、连杆、汽缸等零部件要求有很高的刚性，故实际设计中许用应力取得很低，或者安全系数取得很大（如有的取安全系数 $n>10$）。

**磨损可靠性** 即要求正常的磨损期长，通常用 $[pv]$ 来限制，当运转速度不能降低时，比压 $p$ 应该取得低。

压缩机中常发生带螺纹的活塞杆断裂并酿成事故的情况。活塞杆的断裂有下列三种可能的原因。

一是材料或制造的缺陷。这是有形的，可从损坏的零件分析、检验而知。

二是螺母的预紧力未达到设计要求。这是安装中的疏忽，活塞杆断裂后已无法检查。

三是活塞杆严重倾斜。活塞杆严重倾斜造成过度磨损，致使该端下沉，使活塞杆与十字头结合处的螺纹受到弯矩作用（这可能使螺纹应力增加 8 倍以上），由于强度不够而发生断裂。

#### 5.4.2.2 离心式压缩机

**(1) 离心式压缩机的结构特点**

离心式压缩机由转子及定子两大部分组成。转子包括转轴，固定在轴上的叶轮、轴套、平衡盘、推力盘及联轴节等零部件。定子则有汽缸，定位于缸体上的各种隔板以及轴承等零部件。在转子与定子之间需要密封气体之处还设有密封元件。

**(2) 离心式压缩机的喘振与堵塞**

当压缩机流量减少至某一值时，叶道进口正冲角很大，致使叶片非工作面上的气流边界层严重分离，并沿叶道扩张开来。但由于各叶片制造与安装不尽相同，又由于来流的不均匀性，使气流脱离往往在一个或几个叶片上首先发生，如图 5-8 中的 $B$ 叶道所示，造成 $B$ 叶道有效通道大为减小，从而使原来要流过 $B$ 叶道的气流相当多地流向 $A$ 叶道和 $C$ 叶道。随即促使 $C$ 叶道相继严重脱离，而气流改进了 $A$ 叶道，依次类推，造成脱离区朝叶轮旋转的反向以 $\omega'$ 转动。由实验可知 $\omega'<\omega$，故从绝对坐标系观察脱离区与叶轮同向旋转，以上这种现象称为“旋转脱离”。

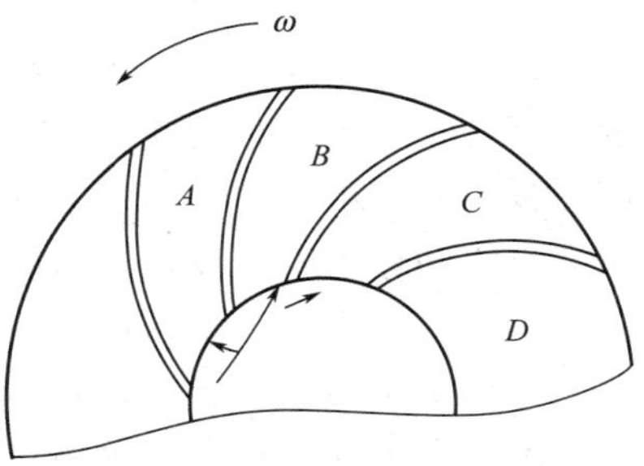

图 5-8　转动叶轮旋转脱离

当压缩机的流量进一步减小时，叶道中的若干脱离团就会联在一起成为大的脱离团，占据大部分叶道，这时气流受到严重阻塞，致使性能曲线中断与突降。叶轮虽仍旋转对气流做功，但不能提高气体的压力，于是压缩机出口压力显著下降。由于管网具有一定的容积，故管网中的气体压力不可能很快下降，于是会出现管网中的压力反大于压缩机的出口压力，从而使管网中的气体向压缩机倒流，并使压缩机中的气体冲出压缩机的进口，一直到管网中的压力下降至等于压缩机出口的压力，这时倒流停止。气流又在旋转叶轮的作用下正向流动，提高压力，并向管网供气，随之流经压缩机的流量又增大。但当管网中的压力迅速回升，流量又下降时，系统中的气流又产生倒流，如此正流、倒流反复出现，使整个系统发生了周期性的低频大振幅的轴向气流振荡现象，这种现象称为压缩机喘振。

喘振造成的后果是很严重的，它不仅使压缩机的性能恶化，压力和效率显著降低，机器出现异常的噪声、吼叫和爆音，而且使机器出现强烈的振动，致使压缩机的轴承、密封遭到损坏，甚至发生转子和固定部件的碰撞，造成机器的严重破坏。

### 5.4.3 离心机安全技术

离心机是利用离心力，分离液体与固体颗粒或液体与液体的混合物中各组分的机械。离心机主要用于将悬浮液中的固体颗粒与液体分开，或将乳浊液中两种密度不同，又互不相溶的液体分开（例如从牛奶中分离出奶油）。它也可用于排除湿固体中的液体，例如用洗衣机甩干湿衣服。特殊的超速管式分离机还可分离不同密度的气体混合物。利用不同密度或粒度的固体颗粒在液体中沉降速度不同的特点，有的沉降离心机还可对固体颗粒按密度或粒度进行分级。离心机大量应用于化工、石油、食品、制药、选矿、煤炭、水处理和船舶等部门。

**（1）离心机的典型结构**

工业用离心机按结构和分离要求，可分为过滤离心机和沉降离心机。

过滤离心机主要结构包括转鼓和滤网，其中转鼓围绕回转轴进行旋转。

沉降离心机主要结构包括转鼓和滤网，转鼓同样围绕回转轴进行旋转，为了使物料能够处在对称的力场中，且使物料不要甩出来，再加上一些其他基本的结构。

**（2）离心机的安全运行**

在离心机的运转过程中，可燃溶剂存在的内环境具有形成燃烧爆炸的潜在不安全因素。这一潜在不安全因素如果遇到合适的条件，就会导致事故的发生。

离心机内造成的爆炸事故主要是受限空间内可燃混合气体的爆炸，即爆炸性物质爆炸（化学爆炸）。爆炸性物质爆炸过程具有如下三个特征：反应过程放热；过程速度极快并能自动传播；过程中生成大量气体产物。这三个条件是任何化学反应能成为爆炸性反应所必须具备的，而且这三者互相关联，缺一不可。因此，防爆的基本原则是阻止第一过程的出现，限制第二过程的发展，防护第三过程的危害。

离心机防爆的安全技术措施应从以下几方面着手。

① 防止可燃可爆系统的形成。在分离易燃易爆物料时，离心机内可能充满可燃气体，一旦离心机由于静电或者其他原因产生火花可导致离心机发生燃烧爆炸事故。针对这一特点，在离心分离含有易燃易爆物料的溶液时，应确保离心机的密闭防爆。可采用惰性气体或其他气体保护，如向离心机内部充入氮气置换里面的空气，从而使氧气浓度维持在安全范围之内。

当采用惰性气体保护时，必须保证氮气的气源稳定且严格按照操作规程作业。当氮气压力不足或供氮系统发生故障时，通过报警装置发出警报，自动停车；在离心机启动时，必须用氮气对离心机系统进行气体置换，经检测氧气的浓度达到1%～2%时方能开车；当离心机进液时，对浮液和洗液都必须以氮气保护，防止空气在进液结束时或随液体的旋涡雾沫一起进入离心机；停电时，为实现氮气吹扫工作仍能正常进行，要求选用常闭式电磁阀，以保证氮气管线阀门在停电时始终处于开启状态。

② 消除、控制引火源。引起火灾爆炸事故的能源主要有明火、高温表面、摩擦和撞击、绝热压缩、化学反应热、电气火花、静电火花、雷击等。所以对有火灾爆炸危险场所，这些火源都要引起充分的注意，并采取严格的控制措施。

在离心机设计时，对于运动件应确保有足够的安全空间，以消除可能产生的机械摩擦和撞击，同时，离心系统必须有消除静电的措施。对于制动装置，不得采用机械摩擦式制动装置，一般均采用电器能耗制动的形式。另外，对于传动带，则选用防静电带，以消除或减少静电产生的可能。企业在选购离心机时，应针对离心机的配置提出更精确的制造要求，比如：配置防爆电机、现场防爆按钮、防爆电磁阀、防爆接近开关、防爆隔离栅、防静电皮带、静电接地、变频器控制、能耗制动、氮气保护、氧气含量在线检测等。然而，并不是所有的有防爆要求的场合都要配置，应按实际工艺、作业环境等适当地配置。输送易燃易爆物质过程中还应严格按照GB 12158—2006《防止静电事故通用导则》的有关要求执行。尤其应注意反应釜至离心机间下料管的防静电处理。

另外，在爆炸危险区域内应使用不产生火花的铜制、合金制或其他工具，使用防爆型电子钟等。操作现场严禁烟火，严禁使用手机。作业场所应定期进行防雷、防静电检测，确保安全。

③ 隔离阻断，防止事故蔓延。首先，离心分离区域应设置在独立的隔间内，与其他生产区域之间采用防火实墙进行分隔，且应确保有足够的泄压面积，同时应加强离心分离区域的通风。离心作业区域应严格控制现场操作人员人数。其次，企业应严格控制作业场所危险化学品的存放量。有条件的企业尽量使用管道输送。若作业现场需要使用桶装物料直接加料，应划出专门的中间物料存放区，物料存放区与生产作业区域应采用防火实墙进行分隔，尽量做到使用溶剂区域无物料堆放。离心作业区域严禁存放危险化学品，应特别注意离心残液不得存放在离心间。

④ 有效监控，及时处理。离心作业区域严格按照GB 50493—2009《石油化工可燃气体和有毒气体检测报警设计规范》的要求，设置可燃气体和有毒气体检测报警装置，并与强制通风设施进行联锁。若离心机一旦发生泄漏，检测报警仪可在设定的安全浓度范围内发出警报，做到早发现，早排除，早控制，防止事故发生和蔓延扩大。

⑤ 改进离心工艺，选用新型离心机。在离心机氮气保护系统设计中设置在线氧气检测装置和压力变送传感器，对运行过程中离心机内腔的氧气浓度进行检测，控制其氧气含量在安全范围以内（即保证机内的氧气浓度在易燃易爆介质的爆炸极限之外）。在离心设备发生故障、人员误操作形成危险状态时，通过自动报警、启动连锁保护装置和安全装置，实现事故安全排放直至停机等一系列的操作，保证系统安全。

### 5.4.4 过程流体机械的安全运行与管理

过程流体机械运行过程中，应根据各自的使用条件与要求，采取相应的合理措施，保证过程流体机械的安全运行。

**(1) 容积式压缩机的安全运行**

对于容积式压缩机，需要对排气温度、润滑油温度、压力、气阀、止回阀和冷却水等采取相应的控制措施。

当空压机在制造厂规定的使用环境和最终排气压力为额定排气压力条件下稳定运行时，各级排气温度应符合下列要求。

ⅰ. 汽缸内有油润滑的空压机，各级排气温度不应超过180℃，当使用合成油润滑时，各级排气温度不应超过200℃；

ⅱ. 汽缸内无油润滑的空压机，各级排气温度不应超过200℃；

ⅲ. 喷油回转空压机，各级排气温度不应超过110℃；

ⅳ. 对于有油润滑的空压机，当空压机在制造厂规定的使用环境和最终排气压力为额定排气压力条件下稳定运行时，润滑油温度不应超过70℃。

空压机应对排气压力进行自动控制，当空压机排气压力高于额定值时，可以对空压机的排气量进行自动调节。控制器的设定值应低于空压机储气罐上的压力释放装置的开启压力。

压缩空气流经的系统元件和设备，应使用压力释放装置或其他保护装置，防止系统元件中的压力超过 1.1 倍的制造厂所规定的最高工作压力。在空压机排气口和第一个阀门之间也应设置压力释放装置。

为了防止压力释放装置的泄漏和不必要的起跳，压力释放装置的开启压力应尽可能高一点，但不超过其所保护的系统元件工作压力的 10％或 0.1MPa，取两者之一的较大值。

压力释放装置应尽可能靠近要保护的系统元件，且不允许用阀门隔开。其释放量应保证在最大连续供气流量下，系统元件压力不超过 1.1 倍的制造厂所规定的最高工作压力。

进入释放装置的空气流经的管道及连接件的有效流通面积应不小于释放装置进口处有效流通面积。

压力释放装置的排放管路上不能安装阀门，排放管的尺寸应不降低释放能力。

被释放的空气应尽可能直接排入大气，但向大气排放的管口位置应不会对人体造成伤害。当压力释放装置排放的反作用力可能引起管路的过度移动和振动时，应对管路进行适当的固定。

空压机的压力释放装置应优先选用弹簧式安全阀。当释放的流量较大时，可以采用爆破片。

采用爆破片时，应在爆破片上标明在特定温度下的爆破压力。空压机排气压力自动控制装置及所有压力释放装置的灵敏性均应检验三次（爆破片检验一次），每次动作均应正确。

为了保证进、排气阀的正确安装，往复式空压机的气阀组件和阀孔的设计应保证进气阀组件与排气阀组件安装时不可互换和倒置。

所有可能因背压而造成停车后反转的空压机都应在排气管路上安装止回阀或其他装置来防止反转。止回阀的设计应能保证止回阀不会被反向装入。

对于水冷空压机，应有冷却水断水报警或停车装置。断水报警或停车装置的灵敏性应检验三次，每次动作均应正确。空压机正常运行时，关闭冷却水进水，空压机应立即报警或停车。

对于可移动的空气压缩机，其安全运行与操作需注意以下问题。

ⅰ. 空压机平地移动时，应缓慢行驶。工作场地应处于安全位置，场地空间大小，应以不妨碍操作、维护保养为原则。

ⅱ. 开机前需认真检查各零部件是否完好，各种保护装置、仪表、阀门、管路及接头是否有损或松动。压缩机油位是否正常，不足时应补充。

ⅲ. 启动时检查电机转向是否正确，正常启动后观察运转是否平稳，声音是否正常，空气对流是否畅通，仪表读数是否正常，是否有泄漏。

ⅳ. 运行过程中经常倾听空压机各部位运转声音是否正常，有无渗透现象。每隔一段时间（如 2 小时）记录压力、温度、润滑油情况。保持空压机外表及周围场地干净，严禁在空压机上放置任何物件。

ⅴ. 停机时先将机内压力排空，再按下“停止”按钮。若遇紧急停机，无需先卸载，直接按下“停止”按钮。

**(2) 离心式压缩机防喘振的措施**

由于喘振对机器危害严重，应严格防止压缩机进入喘振工况。一旦发生喘振，应立即采取措施消除或停机。防喘振有如下的几条措施。

操作者应有标注喘振线的压缩机性能曲线，随时了解压缩机工况点处在性能曲线图上的位置。为保证运行安全，可在比喘振线的流量大出5%～10%的地方加注一条防喘振线，以提醒操作者注意。

降低运行转速，可使流量减少而不致进入喘振状态，但出口压力随之降低。

在首级或各级设置导叶转动机构以调节导叶角度，使流量减少时的进气冲角不太大，以避免发生喘振。

在压缩机出口设置旁通管道，如生产中必须减少压缩机的输送流量时，让多余的气体放空或经降压后仍回进气管。宁肯多消耗流量与功率，也要让压缩机通过足够的流量，以防进入喘振状态。

在压缩机进口安置温度、流量监视仪表，出口安置压力监视仪表，一旦出现异常或喘振及时报警，最好还能与防喘振控制操作联动或与紧急停车联动。

运行操作人员应了解压缩机的工作原理，随时注意机器所在的工况位置，熟悉各种监测系统和调节控制系统的操作，尽量使机器不致进入喘振状态。一旦进入喘振应立即加大流量退出喘振或立即停机。停机后，应开缸检查确无隐患，方可再开动机器。

**(3) 离心机的安全运行**

ⅰ. 使用离心机前，确保室内无异物。仔细检查转子和离心管，严禁使用有裂纹或腐蚀的转子、离心管。使用规格配套的转子和离心管，保证样品、溶剂不腐蚀离心管。

ⅱ. 在转子使用和保存中，应防止碰伤、擦伤和刮伤。

ⅲ. 启动离心机运转前，确保门锁开关已关闭。离心机运行时，严禁移动离心机。不得在机器运转过程中或转子未停稳的情况下打开盖门或移动离心机，以免发生故障。

ⅳ. 使用高转速时（>8000r/min），要先在较低转速运行2min左右以磨合电机，然后再逐渐升到所需转速。不要瞬间运行到高转速，以免损坏电机。

ⅴ. 离心机一次运行最好不要超过30min。对于有压缩机制冷的离心机，每次停机后再开机的时间间隔>5min，以免压缩机损坏。

ⅵ. 严禁转子超出其额定转速运转，严禁无转子高速运转。

ⅶ. 勿用离心机分离易燃、易爆样品，勿在距离离心机300mm内使用和存放易燃、易爆样品。

**(4) 过程流体机械的安全管理**

从过程流体机械的设计、制造、检验、安装、操作、检修等诸方面采取安全保护措施，以防事故发生。

在设计上，选材要防腐防爆，密封要绝对可靠，强度刚度要足够，结构设计要合理。电机驱动要采用防爆或正压通风电机，蒸汽轮机驱动要设置跳闸连锁等安全保护装置。要设置防喘振装置，要有振动等参数监控报警停车仪表，最好配备DCS和故障或事故诊断与预测专家系统。

在制造上，要严格按图纸和标准制造，尤其是焊缝质量要好、叶轮超速试验必须合格、转子动平衡精度要高、受压壳体水压试验与气密性试验必须合格。

在检验上，最好请有检验资质和权威的第三方检验，以严把制造质量关。应重点对材质、焊接、热处理、无损检测、超速试验、动平衡试验、水压试验、总装、密封试验、机械运转试验等加强检验，对不合格的零部件要坚决报废。

在安装上，要保证机座与基础的可靠连接，对中要优良，机组能自由热膨胀，管线不给机组施加外力等。

在操作上，尽量保持工艺负荷不波动。严禁压缩机在临界转速区、喘振区等危险区域停留。对易燃易爆气体要设置防爆墙、泄漏监测仪器、惰性气体灭火装置等。开车前必须用惰性气体置换压缩机中的空气，确认氧含量最高限度为2%～5%方可启动。对振动、轴位移、流量、进出口压力、轴承温度、润滑油温度、润滑油压、油箱液位等设定合适的自动报警、停车值。

在检修上，要检查转子有无裂纹、松动、磨损、腐蚀，要保证转子动平衡精度，轴瓦间隙要合适，必须彻底清除机组及配管中的铁锈、污垢、杂质等异物。

# 第6章 过程装备结构完整性评定技术

国际上广泛地将缺陷评定及安全评定称为“完整性评定”或“合乎使用评定”，它不仅包括超标缺陷的安全评估，还包括环境（介质与温度）的影响和材料退化的安全评估，按“合乎使用”原则建立的结构完整性技术及其相应的工程安全评定规程（或方法）越来越成熟，已在国际上形成了一个分支学科，在广度和深度两方面均取得了重大进展。在广度方面新增了高温评定、各种腐蚀评定、塑性评定、材料退化评定、概率评定和风险评估等内容；在深度方面，弹塑性断裂、疲劳断裂、冲击动载、止裂评定、极限载荷分析、微观断裂分析和无损检测技术等均取得很大的进展。过程装备结构完整性评定是以“适用性”或“合乎使用”为原则，以断裂力学（包括概率断裂力学）、弹塑性力学、材料科学、可靠性工程、系统工程、风险工程学为基础对结构安全可靠性进行的评估。

## 6.1 结构完整性评定基础

### 6.1.1 结构完整性评定概念

过程装备安装运行后，由于制造工艺或运行损伤造成的缺陷就会逐渐暴露出来。如依据出厂制造质量控制标准判断，可能已经不能达标，但是要是报废，会导致巨大损失。这时应采用以“适用性”或“合乎使用”为原则的标准来评判是否可以继续使用。适用性评价包括定量检测结构中的缺陷，依据严格的理论分析来判定缺陷对结构安全可靠性的影响，对缺陷的形成、扩展及构件的失效过程、后果等做出判断，并根据情况做出如下处理。

ⅰ. 对安全生产不造成危害的缺陷允许存在。

ⅱ. 虽对安全性不造成危害，但缺陷会进一步发展，这时要对结构进行寿命预测，并判定是否允许在监控下使用。

ⅲ. 当含缺陷构件降级使用可保证安全可靠性要求时，可降级使用。

ⅳ. 当所含缺陷对构件安全可靠性构成威胁时，应立即返修或停用。

结构完整性评定技术必须全面考虑诸如备选的金属材料、裂纹状态的控制、结构设计的薄弱环节以及制造过程等各种因素，需要对工程中的各种可能方案作反复分析。因此，结构完整性评定涉及诸多复杂因素。

结构完整性评定要对结构进行定量无损检测，确定缺陷的种类、取向和大小；进行应力分析，根据构件承受的荷载，计算和测定构件有缺陷部位所受应力；测定或估算缺陷部位残余应力的大小；确定材料的力学性能，包括断裂强度 $\sigma_b$、屈服强度 $\sigma_s$、断裂韧性 $K_{IC}$、疲劳裂纹扩展速率等。对于一般的材料可以从手册或专著查到这些数据，否则就要进行测定。然后根据应力大小、材料性能及缺陷情况进行断裂力学计算，判断缺陷的危险程度，还要考虑材料的使用环境，例如温度、腐蚀介质等。缺陷评定方法显然比质量控制方法复杂，涉及工程结构、材料科学、无损检测等许多学科，因此，常常是由多种专业人员来共同完成。

## 6.1.2 结构完整性评定原理

结构完整性是在保证安全的前提下，评定结构能否满足原设计功效的一种度量指标。完整的结构必须保证在设计寿命或规定的检验周期内的任一时刻 $t$，结构的广义实际应力 $\sigma_r(t)$ 或预期服役寿命始终小于结构的广义实际抗力 $S_r(t)$ 或实际寿命。但由于许多不确定因素的影响，实际评定时难以准确地获得所需的 $\sigma_r(t)$ 和 $S_r(t)$，因此常采用简化的方法从偏保守的方向对 $\sigma_r(t)$ 和 $S_r(t)$ 进行估算，并利用下式进行结构完整性评定

$$\sigma_r(t) \leqslant \sigma_a(t) < S_a(t) \leqslant S_r(t) \tag{6-1}$$

式中，$\sigma_a(t)$ 和 $S_a(t)$ 分别为结构的广义评定应力和广义评定抗力。

结构的广义评定应力必须小于结构的广义评定抗力，即 $\sigma_a(t) < S_a(t)$；结构的广义评定应力必须大于或等于结构的广义实际应力，即 $\sigma_r(t) \leqslant \sigma_a(t)$；结构的广义评定抗力必须小于或等于结构的广义实际抗力，即 $S_a(t) \leqslant S_r(t)$。

具体评定的方法有两类，一类为确定性安全评定，一类为概率安全评定。

**(1) 确定性安全评定**

在应用确定性评定方法进行结构完整性评定时，将结构的广义实际应力和广义实际抗力均视为确定值，并按保守原则确定结构的广义评定应力和广义评定抗力，通过比较 $\sigma_a(t)$ 与 $S_a(t)$，对结构的完整性进行评定，如图 6-1 所示。

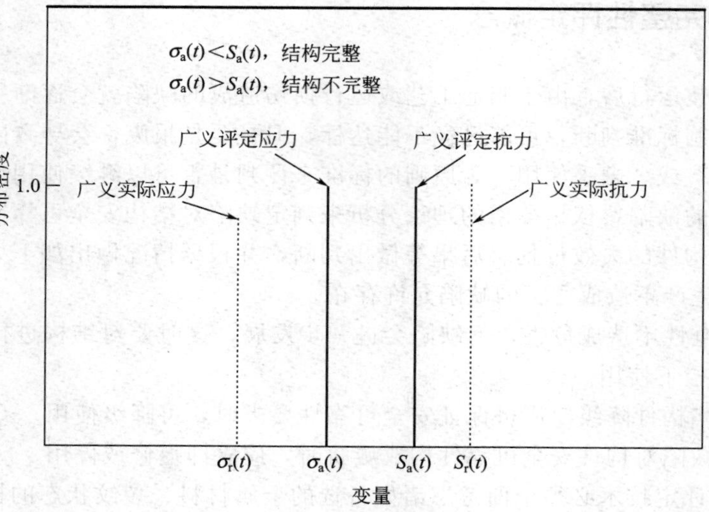


图 6-1　确定性评定的基本原理

现行的结构完整性评定规程大多是以确定性评定方法为基础的，如欧洲工业结构完整性评定方法（SINTAP，structural integrity assessment procedure）、英国中央电力局（CEGB）提出的R6评定方法（第4版）、英国BS 7910评定标准、美国石油学会颁布的针对在役石油化工设备的评定标准API 579，以及我国的GB/T 19624—2004《在用含缺陷压力容器安全评定》等。

**（2）概率安全评定**

概率安全评定是指在进行结构完整性评定时，通过分析影响结构完整性各种参数的数值特性（确定性或随机性），来确定评定用广义结构应力和评定用广义结构抗力的分布规律，再用下式判定结构的失效概率 $P_f(t)$

$$P_f(t)=P[\sigma_a(t)\leqslant S_a(t)] \tag{6-2}$$

式(6-2)右端的 $P[\sigma_a(t)\leqslant S_a(t)]$，表示 $\sigma_a(t)<S_a(t)$ 时的概率，如图6-2所示。

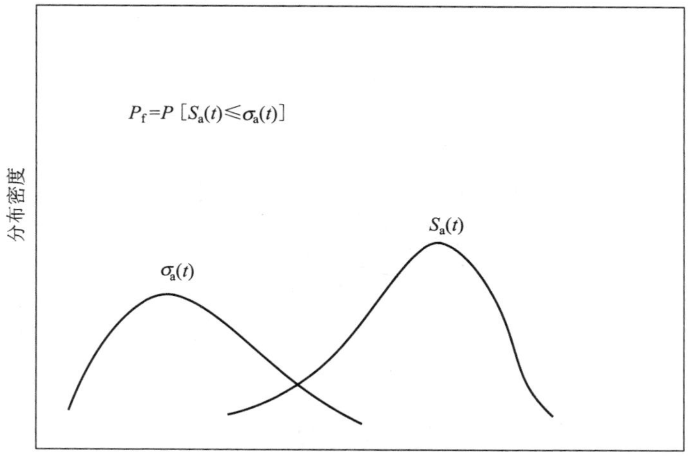


图6-2 概率安全评定的基本原理

## 6.1.3 结构完整性评定的力学基础

传统的结构设计是以抗拉强度和屈服强度为基础的。一般设计公式为 $\sigma\leqslant[\sigma]$，$[\sigma]=R_{eL}/n_s$ 或 $[\sigma]=R_m/n_b$，这里 $n_s$ 和 $n_b$ 叫做安全系数，$[\sigma]$ 叫做许用应力。这种方法把缺陷和应力计算的不精确性笼统地考虑在安全系数当中，并没有考虑缺陷的具体情况。用这种方法显然无法指出一个具体的缺陷是否会引发事故。另外，结构使用期间由于疲劳、腐蚀等环境因素诱发的裂纹，在特定的情况下，可能失稳扩展而导致结构关键部位或结构本身的破坏。

断裂力学研究有裂纹材料受力后会发生的变化，研究含有裂纹状缺陷的材料和结构的破坏本质，并用定量的方法来确定在载荷作用下裂纹扩展的规律及失效的条件。对结构中的其他缺陷可以近似地简化成裂纹，这种做法虽然不十分精确，但是可使评定结果偏于安全。断裂力学的任务就是研究和确定这种特殊情况，并为此提供一种合适的、定量的解析或数值的评定方法。断裂力学理论与工程应用的发展为结构完整性评定提供了力学基础和手段，其主要包括：线弹性断裂力学、弹塑性断裂力学、概率断裂力学、计算断裂力学、模糊断裂力学等方法。

**(1) 线弹性断裂力学**

线弹性断裂力学主要研究材料脆性断裂问题。线弹性断裂力学的理论和工程应用已有一套成熟、完整的体系。

由于材料内部各种缺陷(夹杂、气孔等)的存在,使材料内部不连续,可近似认为,在载荷作用下材料内部裂纹尖端前沿产生应力集中,形成一个裂纹尖端应力应变场。用应力场强度因子来表示裂尖应力应变场的强度。线弹性断裂力学分析时将裂纹分为三种基本型:张开型或拉伸型[Ⅰ型,见图 6-3(a)]、同平面剪切型或滑移型[Ⅱ型,见图 6-3(b)]、反平面剪切型[Ⅲ型,见图 6-3(c)]。由两种或两种以上基本形式组合的便是复合型裂纹。

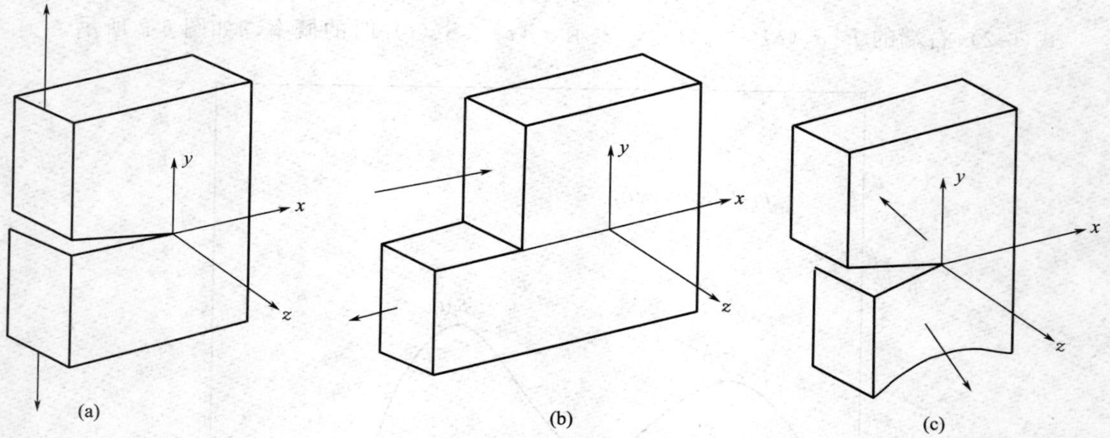


图 6-3 裂纹的基本开裂类型

Ⅰ型开裂应力场强度因子 $K_{\mathrm{I}}$ 的计算式通常为

$$K_{\mathrm{I}}=\beta\sigma\sqrt{\pi a} \tag{6-3}$$

式中,$\sigma$ 为应力;$a$ 为裂纹尺寸;$\beta$ 为量纲为 1 的反映裂纹体形状或边界影响的结构构型因子。表 6-1 为几种常用的 $\beta$ 因子。

**表 6-1 几种常用的 $\beta$ 因子**

| $\beta$ | 情况 |
|---|---|
| 1.0 | 无限大板,中心穿透裂纹,远处均匀拉伸 |
| 1.12 | 半无限大板,边缘裂纹,远处均匀拉伸 |
| $2/\pi$ | 无限大体,半径为 $a$ 的内埋圆盘裂纹,远处均匀拉伸 |
| $\sqrt{\sec\frac{\pi a}{W}}$ | 有限宽板,中心穿透裂纹,远处均匀拉伸 |

对于一个有裂纹的试样,在拉伸应力作用下,当外力逐渐增大或裂纹长度逐渐扩展时,应力场强度因子 $K_{\mathrm{I}}$ 也不断增大,当 $K_{\mathrm{I}}$ 增大到某一值时,就使裂纹前沿某一区域的内应力大到足以使材料产生分离,从而导致裂纹突然失稳扩展,即发生脆断。这个应力场强度因子的临界值,称为材料的断裂韧度,用 $K_{\mathrm{IC}}$ 表示,它表明了材料有裂纹存在时抵抗脆性断裂的能力。因此,线弹性断裂力学的基本判据如下。

$K_{\mathrm{I}} > K_{\mathrm{IC}}$时，裂纹失稳扩展，发生脆断；

$K_{\mathrm{I}} = K_{\mathrm{IC}}$时，裂纹处于临界状态；

$K_{\mathrm{I}} < K_{\mathrm{IC}}$时，裂纹扩展很慢或不扩展，不发生脆断。

$K_{\mathrm{IC}}$可根据相应标准通过实验测得，它是评价阻止裂纹失稳扩展能力的力学性能指标，是材料的一种固有特性，与裂纹本身的大小、形状、外加应力等无关，而与材料本身的成分、热处理及加工工艺有关。

**(2) 弹塑性断裂力学**

线弹性断裂力学在评价材料抗开裂性能及预测材料寿命等方面存在一定的局限性。因为金属材料断裂前的裂尖总存在着一个或大或小的塑性区，当塑性区尺寸与裂纹尺寸相比很小时（小范围屈服），经过修正，线弹性断裂力学方法尚可应用，但当塑性区尺寸与裂纹尺寸相比达到同一数量级时（大范围屈服），虽经过修正，其误差仍不能忽视。在工程实际中大量应用的中低强度钢，除非温度很低、截面很厚或应变速率很高时仍能应用这一判据外，在平常状态下由于裂尖的塑性变形很大，使得线弹性断裂力学方法失效。因此，弹塑性断裂力学得到迅速发展。

目前，弹塑性断裂力学已经得到普遍应用，最具代表的便是 1968 年 J. R. Rice 得出的 $J$ 积分方法，该方法于 1971 年由美国电力研究院（EPRI）给出了工程估算方法。

用弹塑性断裂力学直接获得裂纹尖端区的应力应变场的强度是相当复杂和困难的，所以必须避开直接求解裂纹尖端区的应力应变场强度，而另寻一个力学参量。此力学参量可以综合度量裂纹尖端区应力应变场强度，并可根据此参量来建立韧性断裂的判据，最后建立一套实验方案来验证理论的可靠性，这便是 $J$ 积分产生的工程背景。

如图 6-4 所示的单位厚度平板，考虑一条环绕裂纹尖端点的积分线路 $C$，线路光滑且没有交叉点，所围绕的面积在线路方向的左边。

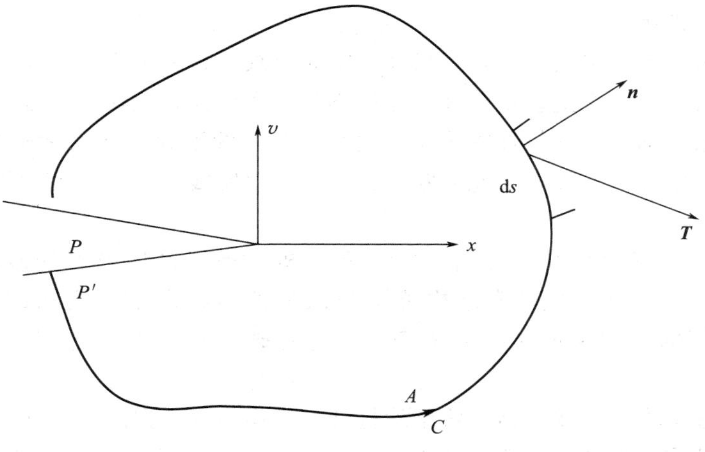


图 6-4　$J$ 积分线路

积分线路元素用 $\mathrm{d}s$ 代表，其外法线单位向量为 $\boldsymbol{n}$，同时有面力 $\boldsymbol{T}$ 作用于 $\mathrm{d}s$ 上，线路内部面积为 $A$。线路 $C$ 外部对内部做功的速率，大于或等于储存于 $A$ 中内能的改变率和不可恢复的损耗能量率之和。其表达式为

$$\int_C T_i \frac{\mathrm{d}u_i}{\mathrm{d}t}\mathrm{d}s \geqslant \frac{\mathrm{d}}{\mathrm{d}t}\int_A W_i \mathrm{d}A + \frac{\mathrm{d}D}{\mathrm{d}t} \tag{6-4}$$

式中，$T_i$ 为面力分量，与应力关系为 $T_i=\sigma_{ij} \cdot n_i \cdot n_j$，$n_i$、$n_j$ 为 $\boldsymbol{n}$ 在 $x$ 方向或 $y$ 方向的投影；$u_i$ 为位移分量；$W_i$ 为内能密度；$D$ 为损耗能。当“>”成立时，表示裂纹在扩展，动能在改变；若为准静态，“=”成立。

进一步推导得到 $J$ 积分的表达式

$$J=\int_C W_i \mathrm{d}y - T_i \frac{\partial u_i}{\partial x}\mathrm{d}s \tag{6-5}$$

$J$ 积分为一与积分路径无关的积分，因此利用 $J$ 积分可避开裂纹尖端应力应变复杂的“禁区”，而在“禁区”外进行线能量分析，这样利用 $J$ 积分就可以建立断裂判据了。

$J$ 积分只能作简单加载时含裂纹弹塑件体的断裂判据，由于Ⅰ型裂纹是最常见的，$J$ 积分理论也主要应用于Ⅰ型裂纹。起裂后很快发生失稳断裂的起裂 $J$ 积分值用 $J_{IC}$ 表示，此时 $J$ 积分起裂判据或断裂判据为

$$J>J_{IC} \tag{6-6}$$

对于大部分金属材料，必须在相当严格的试件尺寸要求下，才能测出常数 $J_{IC}$。

由于 $J$ 积分的求解非常繁琐，要用有限元方法来计算，而且只有采用被专家认同的有限元程序计算出的 $J$ 积分值才被认可，这为 $J$ 积分的工程应用带来不便。目前国际上出现了不少工程计算方法，尤其是 EPRI 弹塑性 $J$ 积分工程计算方法，受到工程界广泛的重视和应用。

该方法认为材料的真应力和真应变特性遵循 Ramberg-Osgood 幂律关系，同时该方法还认为材料的弹塑性 $J$ 积分值 $J_{ep}$ 可以通过 $J$ 积分的弹性解 $J_e$（裂纹长度包括塑性区修正）和全塑性解 $J_p$ 之和来求解，其最终判据为

$$J_{ep}=J_{IC} \tag{6-7}$$

另外，还有一些 $J$ 积分值的工程估算方法，如线弹性模型法（LSM）、线弹簧边界元法（LSBEM）、等刚度模型法等。

**（3）概率断裂力学**

传统的断裂力学方法对裂纹的最大尺寸、瞬时荷载、材料力学性能及裂纹扩展速率等做出偏于保守的假设。但由于这些量实际上往往不是确定值而是服从统计分布规律的，只有采用概率统计的方法（即引入可靠性理论，探索结构存在的不确定性因素及其分布），去代替断裂力学中那些确定性的假设，才能使断裂力学在工程实践中发挥更大的作用。这便是概率断裂力学的内涵。

常用的统计方法有两种：一是通过收集和分析类似体系历史上的破坏资料，对破坏概率进行分析研究，建立类似体系结构母体与欲估算的特定结构之间的定量关系；二是掌握引起结构破坏的各种参数的统计规律，通过对破坏概率的综合理论分析，预测结构的破坏概率。

这种理论的基本内容主要包括：将结构构件与结构系统的强度（广义抗力）作为随机量处理，将作用在结构上的各种荷载（广义应力）作为随机变量或随机过程处理。以应力-强度干涉模型理论为基础，对结构构件与系统的断裂失效概率进行分析、计算与评定。

概率断裂力学在结构完整性评定中的主要作用如下。

ⅰ. 考查所研究结构的安全可靠性，通过对破坏概率的计算，验证在不同的工况下结构的断裂概率是否低于容许极限值。

ⅱ. 通过对不同工况下不同部位的缺陷进行断裂概率计算可以辨别其危险程度，也可通过参数敏感性分析得到薄弱环节，确定起控制作用的影响因素，以获取对结构参数更大的置

信度。

ⅲ. 经过概率断裂力学分析后，调整设计参数，改变选材标准，改进焊接工艺措施等，从而使断裂概率减小。随着概率断裂力学理论及相关学科的发展，现在甚至分析到人为可靠性、人机系统等主观不确定性对断裂概率的影响。

ⅳ. 当用确定性评定方法对各部分安全裕度取值后，一般不易使这些安全裕度相互协调或平衡，往往某一部分安全裕度过大，另一部分却不足，而概率断裂力学则可通过断裂概率计算特别是通过参数敏感性分析完成安全裕度取值。

在结构延寿和寿命预测方面，概率断裂力学具有其独特的优势。按确定性评定方法评价结构是否能延寿主要取决于原定的安全裕度大小，这种延寿方法有很大局限性。按概率论方法评价是否延寿，依据按设计计算预测运行 $N$ 年后的设计断裂概率与据实测参数计算得到 $N$ 年后的断裂概率之比决定结构是否还能运行或还能运行多少年。

另外，由于影响荷载与强度的因素很多，这些因素往往不仅具有随机性，而且还有模糊性。比如：获取信息中存在的随机性与模糊性、建立模型中的随机性与模糊性、解析过程中的随机性与模糊性、失效准则的模糊性等。如果在断裂力学研究过程中既考虑了影响因素的随机性，又考虑了模糊性，则称为模糊概率断裂力学。

## 6.1.4 结构完整性评定的基本程序

### 6.1.4.1 确定性评定方法的基本程序

按照 GB/T 19624—2004《在用含缺陷压力容器安全评定》标准的要求，断裂失效评定、塑性失效评定和疲劳失效评定基本程序如下，其他破坏形式的安全评定可参考相应标准规范。

**(1) 评定前的准备**

审查被评对象的制造竣工图及强度计算书、制造验收的有关资料、运行状况的有关资料，通过无损检测或其他方法测得缺陷并对缺陷周围结构进行必要的形状尺寸表征，同时确定缺陷部位有关材料的性能数据。

**(2) 缺陷的表征**

对不规则的原始缺陷按简化规则进行规则化处理。缺陷的规则化和表征可分为表面缺陷的规则化和表征与体积缺陷的规则化和表征等。平面缺陷的规则化表征处理，需将缺陷表征为规则的裂纹状表面缺陷、埋藏缺陷或穿透缺陷，表征后裂纹的形状为椭圆形、圆形、半椭圆形或矩形。体积缺陷的规则化表征包括单个凹坑缺陷、多个凹坑缺陷以及气孔夹渣缺陷的表征处理。

**(3) 应力的确定**

根据外荷载引起的应力应变作用的区域和性质，将应力按照一定规则处理为一次应力、二次应力及各应力分量，并得到用于评定计算的应力，可采用解析法、有限元法、实验应力分析或其他方法来估算。

**(4) 材料性能数据的确定**

主要包括材料的常用力学性能、物理性能和断裂韧度等。评定中优先采用实测数据。在无法获得实测数据时，经有关各方协商，在充分考虑材料化学成分 、冶金和工艺状态、试样和试验条件等影响因素且保证评定的总体结果偏于安全的前提下，可选取代用数据。

**（5）断裂与塑性失效评定**

依据评定对象的缺陷类型和评定准则的不同，按照平面缺陷的简化评定、平面缺陷的常规评定、凹坑缺陷的评定、气孔和夹渣缺陷的评定标准分别进行断裂与塑性失效评定。

**（6）疲劳失效评定**

疲劳失效评定的主要根据是 Paris 公式。

$$\frac{da}{dN}=A(\Delta K)^{m} \tag{6-8}$$

式中，$A$、$m$ 为材料常数；$a$ 为裂纹长度；$N$ 为裂纹扩展寿命；$\Delta K$ 为应力强度因子变化范围，$\Delta K=K_{max}-K_{min}$。疲劳评定时，应尽可能实测得到相同厚度下的 $da/dN$ 数据，只有在无法实测才允许采用代用的参考数据。

#### 6.1.4.2 不确定性评价的基本程序

先根据相关的失效准则建立含缺陷结构失效极限状态方程，分析并得到主要评定参数的随机分布规律及特征值，再应用解析法、Monte Carlo 随机模拟法或改进的 Monte Carlo 随机模拟法求解失效概率 $P_f$。评定标准为：$P_f$ 小于可接受的失效概率 $P_o$，则表示被评定结构安全。

## 6.2 结构完整性评定方法

### 6.2.1 概述

上世纪中后期，含缺陷结构完整性评定规范主要包括基于 $K_{IC}$ 准则、COD 准则和基于 $J_{IC}$ 准则的评定规范。采用 $K_{IC}$ 准则的评定规范产生于 20 世纪 70 年代，随后便得到了广泛应用。虽然采用 $K_{IC}$ 准则的理论是完善的，但其基于线弹性断裂力学，仅适用于线弹性，因而限制了其应用范围。而 COD 理论并不是一个直接的、严密的裂纹尖端弹性应力应变场的表征参量，因而有其固有的弱点。

随着对工程实际认识的不断提高及弹塑性断裂力学理论的发展，特别是以美国电力研究所（EPRI）为代表的 $J$ 积分工程估算方法研究成果的公布，使弹塑性断裂力学理论在缺陷评定中的应用得到推广和普及。目前，几乎所有评定规范均采用基于 $J$ 积分理论的弹塑性工程评定方法，它更进一步体现了“合乎使用”的评定思想，使含结构完整性评定技术跃上了新的台阶。

在这一阶段，所有规范最明显的特点是以 $J$ 积分理论代替裂纹尖端张开位移（COD）理论，以双判据（脆断与塑性失稳）的失效评定图（FAD）技术代替 COD 设计曲线。

我国的 GB/T 19624—2004《在用含缺陷压力容器安全评定》标准，是在大量试验研究和多年来实际安全评定工作基础上，跟踪同类国际规范、消化吸收国际最新科技成果并反映我国多年来科研成果和实际经验的一部具有科学性和实用性的标准，该标准同样是采用 $J$ 积分的工程评定方法和双判据失效评定图方法。

## 6.2.2 国际主要的结构完整性评定方法

世界各国结构完整性评定规范发展迅速，而在该领域内最具代表意义的是 SINTAP 评定方法和美国石油学会的 API 579 评定方法。

**(1) SINTAP 评定方法**

SINTAP 提供两种评定方法：FAD（failure assessment diagram）方法和 CDF（crack driving force）方法。FAD 方法的关键是失效评定曲线 $f(L_r)$，只要评定点（$K_r$，$S_r$）落在 FAD 图的安全区内，含缺陷结构就是安全的。

图 6-5 为此准则所使用的 FAD 示意图。该图的纵坐标为 $K_r$（$K_r=K_I/K_{IC}$），表示结构脆断的性能；横坐标为 $S_r$（$S_r=p/p_0$），$p$ 为载荷，$p_0$ 为塑性极限载荷，表示结构的塑性失效性能。

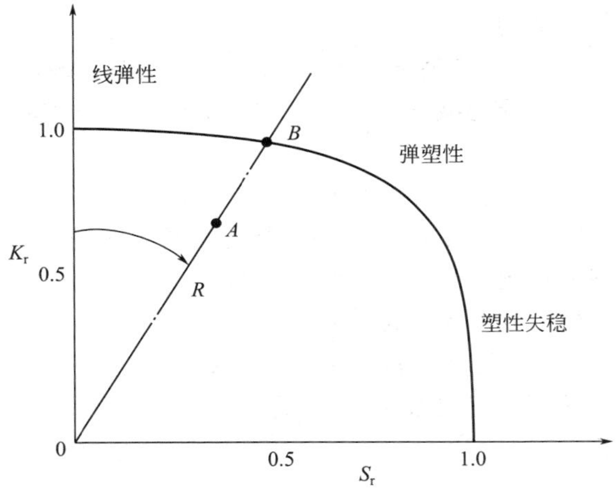


图 6-5 FAD 评定曲线示意图

使用这条评定曲线，可以判断安全系数，如图 6-5 中的状况点，其安全系数为 $n=OB/OA$，可以确定材料性能要求，确定允许裂纹尺寸。

CDF 是直接按 $J<J_{IC}$ 的判据来进行评定的，但裂纹推动力 $J$ 的计算，应按失效评定曲线 $f(L_r)$ 求得，因此尽管 CDF 法和 FAD 法在形式上有所不同，但实质上是一样的。

SINTAP 方法根据获得的材料拉伸数据的详细程度将评定级别划分为 6 个，包括 3 个标准评定级别和 3 个高级评定级别。在标准评定级别中，第一级标准评定是初级评定，仅仅需要知道材料的屈服强度、抗拉强度和断裂韧度；第二级标准评定是考虑了匹配问题的评定，主要针对第一级中的不均匀材料，如焊缝与母材强度比大于 10% 的情况；第三级标准评定是最先进的标准等级，该级别的评定需要材料的韧度数据和全应力-应变关系曲线。在一、二级标准评定中，评定曲线的产生是以材料抗拉性能保守型估计为基础的；在第三级标准评定中，是通过全应力-应变曲线对材料力学性能进行的准确描述，从而获得更准确、低保守型的结果。在高级评定级别中，第一级高级评定对 FAD 及 $K_r$ 的计算均做了相应的修正，主要是考虑裂纹尖端拘束度的具体情况，来估算材料实际断裂韧度；第二级高级评定实际上是严格的有限元计算解，可作为验证各低级评定方法的工具，并非是适用于工程评定的方法，该级别的评定要求已知材料的应力-应变关系曲线来计算 $J$ 积分；考虑到有时部分深表面裂纹可能继续扩展，通过剩余韧带变成穿透裂纹，引起泄漏，但仍然可能处于稳定状态，为此SINTAP提供了一个新的估算裂纹扩展过程中缺陷形状变化的方法，即第三级高级评定。

作为国际缺陷评定规范，SINTAP结构完整性评定方法充分吸收了最新的缺陷评定理论和工程规范，评定理论严密，分级评定方法实用。在分级评定中，不可接受的结果并不说明分析的失败，而是将把评定推向一个更高的级别，再次进行评定。若低级别的评定足够证明安全，那就没有必要进行更高级别的评定。

**（2）API 579 评定方法**

API 579 评定方法与其它方法（如SINTAP，R6，BS 790）不同之处是该方法不仅包括在役设备缺陷评估，还在很广范围内给出了在用设备及其材料劣化损伤的评估方法，这些评定内容和方法在其他评定标准和规范中均未涉及。API 579 评定方法的特点是更多地反映了石油化工在用承压设备评定的需要，主要体现在如下几个方面。

ⅰ. 局部金属损失评定。本评定方法可用于评价因腐蚀、冲蚀、机械损伤或因缓慢磨蚀等原因引起的局部金属损失的构件。

ⅱ. 点蚀评定。本评定方法可以评价四种不同的点蚀类型：构件重要范围上的广布点蚀区域、位于广布点蚀区域内的局部减薄区、点蚀的局部区域以及被限制在局部减薄区的点蚀区域。

ⅲ. 鼓泡和分层评定。本评定方法适用于氢致鼓泡承压元件的评定。

ⅳ. 火灾损伤评定。本评定方法适用于评价受火灾损伤的构件。这种潜在的损伤包括：机械性能的劣化（如碳钢的球化、晶粒的生长和韧度的降低）、耐蚀性能的降低（如奥氏体不锈钢的敏化）和承压构件的变形和破裂。

API 579 标准关于在用设备及其材料劣化损伤的安全评定大多提供了三级评定方法。类似SINTAP标准，评定过程采用逐级推进的形式，若低级别的评定足够证明安全，那就没有必要进行更高级别的评定。

## 6.2.3 我国结构完整性评定方法

我国于1984年，以中国压力容器学会和中国化工机械及自动化学会的名义发表了CVD—1984《压力容器缺陷评定规范》，对压力容器脆断、疲劳及塑性失稳等常见的失效方式给出了较具体的评定方法，对应力腐蚀、蠕变及蠕变疲劳等评定也给出了一般性指导原则，已用于许多压力容器的失效评定，取得了良好的效果。随着国内外结构完整性评定技术和规范的研究进展，紧密跟随国际同类评定规范发展潮流，积极吸取我国CVDA—1984规范的精华，结合我国多年来在压力容器评定工程上的实践经验，我国于2004年12月29日正式发布了一部新的压力容器缺陷评定标准——GB/T 19624—2004《在用含缺陷压力容器安全评定》，此标准于2005年6月1日正式实施。这一标准集合了国内压力容器与压力管道评定的最新研究成果和工程实践经验，在技术上不仅形成了自己的特色，而且还具有一定的创新。

该标准依据评定对象缺陷类型和评定准则的不同，分为断裂及塑性失效评定和疲劳失效评定。其中断裂及塑性失效评定分为平面缺陷的简化评定、平面缺陷的常规评定、凹坑缺陷的评定、气孔和夹渣缺陷的评定等几种。疲劳失效评定主要是根据Paris公式进行。

在断裂及塑性失效评定中采用的是三级评定技术路线，并采用了国内首创的裂纹间弹塑性干涉效应分析法。在简化评定与常规评定之间、常规评定与分析评定之间进行了合理衔接。

该标准的实施，为降低国内压力容器与压力管道灾难性事故率提供了有效的技术手段。但随着国内外结构完整性评定技术研究的新进展，该标准还应与时俱进，不断完善和提高。

### 6.2.4 结构完整性评定的概率方法

**(1) 概率方法的意义**

尽管目前含缺陷结构完整性评定方法和技术日趋完善，但是由于工程实际情况的复杂性和相关评定参数不确定性的存在，导致了安全评定结果的过分保守。对于随机性、不确定性，可分为统计性的和非统计性的两种，前者如缺陷尺寸参数的不确定性，材料机械强度的不确定性，材料断裂韧度的不确定性，载荷、温度等变化引起的不确定性等；后者如由于尺寸效应、加工工艺、制造和安装导致的不确定性，因检测手段和人的主观判断而导致检测结果的不确定性，由于计算名义应力和温差应力所使用方法引起的不确定性，用来描述失效机制的理论模型及维修质量、判断标准的选择而导致的不确定性，焊接残余应力的不确定性等。结构完整性评定中主要应该考虑的是具有统计性、不确定性的随机参数，对于非统计性的随机参数，有的可采用间接方法考虑，有的暂时难以考虑。然而，在当今含缺陷结构安全评定规程中很少涉及评定参数的随机性，而且几乎所有规范均未列入计算含缺陷结构失效概率的内容。另外，所有这些规程大都建立在最坏情况估计的评定方法基础上，即“应力”最大而“抗力”最小同时发生，这种评定准则的保守性必将导致评定结果的保守性。

因此，结合双判据失效评定技术，考虑计算参数的不确定性，摒弃按最坏情况估计的概率安全评定方法，成为了当今含缺陷结构安全评定技术的新进展。

**(2) 概率评定方法的定义**

所谓概率评定方法是指在进行结构完整性评定时，以反映结构真实情况为原则，假定全部或部分影响结构完整性的参数以概率数值的形式出现。通过将所计算出的以概率形式表示的结构载荷 $R_a(t)$ 与结构强度 $S_a(t)$ 的比较来对结构的完整性进行评定。若以 $Y(t)=S_a(t)-R_a(t)$ 表示随机变化的结构强度裕度，则结构的失效概率 $P_f(t)$ 为

$$P_f(t)=P[Y(t)<0]=PD[y(t)=0] \tag{6-9}$$

式中，$y(t)$ 表示 $Y(t)$ 的取值；$PD[y(t)]$ 为随机变量 $Y(t)$ 的概率分布函数。

在典型的以应力 $\sigma$、裂纹深度 $a$、裂纹形状参数 $a/c$（裂纹短长轴之比）、断裂韧性 $K_{IC}$ 和材料流变应力 $\overline{\sigma}$ 为变化参数的结构完整性概率评定中，失效概率 $P_f$ 的表达式如下

$$P_f(t)=\int_0^{\infty} f(\sigma)\int_0^{\infty} f(\overline{\sigma})\int_0^{1} f(a/c)\int_0^{\infty} f(K_{IC})\int_{a_c}^{t} f(a)\,\mathrm{d}a\,\mathrm{d}K_{IC}\,\mathrm{d}(a/c)\,\mathrm{d}\overline{\sigma}\,\mathrm{d}\sigma \tag{6-10}$$

式中，$t$ 为结构厚度；$a_c$ 为临界裂纹尺寸。在利用式(6-10) 来计算结构的失效概率时，除极简单的情形外，通常都必须进行复杂的数值计算。

**(3) 含缺陷结构完整性的概率评定方法**

综合考虑缺陷尺寸参数不确定性、材料断裂韧度分散性、作用载荷（应力）的随机性、材料机械强度的随机性及二次应力等因素对含缺陷焊接结构的影响，含缺陷结构的概率评定

方法需进行如下工作。

ⅰ. 基于双判据准则概率安全评定随机干涉模型，并由此推导失效概率的计算表达式，提出计算失效概率的方法。这是解决基于双判据准则的概率安全评定方法的关键。

ⅱ. 缺陷尺寸参数的随机分布规律和处理方法的确定。

ⅲ. 材料力学性能的分布规律，断裂韧度和流变应力的随机分布规律的确定。

ⅳ. 载荷随机分布规律、应力计算及存在二次应力时的处理方法的确定。

ⅴ. 建立相应的概率失效准则对失效后果进行评定。

由此可见，虽然确定性与概率性评定方法在进行结构完整性评定时依据相同的结构失效判据，但由于它们在对判据中的结构受载情况和结构强度水平处理原理和方法上的差异，相应的评定结果具有明显不同的物理意义。

确定性评定方法将结构受载情况和结构强度水平均作为确定量来处理。如果作为确定量的结构受载小于同样作为确定量的结构强度水平，则认为被评结构是完整的（或称安全的）；反之则认为被评结构是不完整的（或称不安全的）。即确定性评定方法是以“完整—不完整”（或“安全—不安全”）这一定性的方式来进行结构完整性评定的。与概率性评定方法相比，确定性评定方法的评定结果其表述形式简洁而明确。

考虑到实际结构中存在的诸多不确定因素，为保证评定结果的可靠性，确定性评定方法中要求对所有有关参数进行保守处理，即从偏安全的角度出发取相关参数的上限或下限值。正是由于这种参数的保守处理特性，使得结构评定载荷远大于结构实际载荷，而结构评定强度水平远小于结构实际强度水平。因此，如果评定结果表明结构是完整的，则实际结构破坏的可能性几乎为零；而如果评定结果表明结构是不完整的，实际结构仍有安全运行的可能性。即确定性评定结果所给出的肯定结论（结构是完整的）是可靠的，而否定结论（结构是不完整的）则是不可靠的。由此可见，确定性评定方法过分地强调了结构完整性中的结构安全要素而抑制了其中的结构功能要素，其推广应用的结果便是在保证了结构安全运行的同时也导致了一定数量的原本可以继续使用的结构过早地退役，造成一定程度的经济损失。

概率性评定方法将结构受载情况和结构强度水平作为概率量来处理。有关概率参量的选取是以能反映结构实际受载情况和实际强度水平为主，同时兼顾保守性要求为原则进行的。这就使得概率性评定方法得出的评定结论能比较真实地反映被评结构的完整性状态。与以定性方式描述的确定性评定方法不同，概率性评定方法是以定量的失效概率 $P_f$ 或结构完整性指标来表示被评结构的完整性状态的，它使得按确定性方法无法进行的复杂系统的完整性分析、可靠性分析和风险分析得以顺利完成，明显拓宽了结构完整性评定的应用范围。

与确定性评定方法相比，概率性评定方法由于其运行过程中存在着大量的运算，所以其评定效率受到一定程度的影响。这一点在目前比较通行的以数值积分为主的概率性评定方法中显得比较突出。随着计算机技术的发展、普及和结构评定软件的不断完善，上述的评定效率问题最终将获得解决。而在目前情况下，结构完整性评定中确定性与概率性评定方法的综合应用将有可能获得比较理想的评定结果。例如，在确定性评定方法已给出肯定结论的情况下，便可认为被评结构是完整的，而在确定性评定方法给出否定结论的情况下，利用概率性评定方法得出的评定结论不仅可以获得被评结构完整性的定量描述，而且可以根据敏感性分析结果制定出提高被评结构完整性状态的最佳途径。

**(4) 结构完整性评定技术的发展**

随着可靠性工程及概率断裂力学的不断发展和完善，含缺陷结构，尤其是含缺陷焊接结构完整性的概率评定方法已成为国内外众所关注的问题。为此，开展部分基础性研究工作，对结构完整性评价技术新内容的开拓以及为我国编制基于可靠性（概率）理论的含缺陷焊接结构完整性评定规程具有重要意义。同时，使评价方法从确定性的评定方法向可靠性评定、模糊评定和利用人工神经网络方法的智能评定方向发展，并与新的传感技术、检测技术（特别是故障在线诊断技术）和计算机技术相结合，形成崭新的完整性评定和监测、监控体系必将成为结构完整性新的发展方向。

# 第7章
# 过程装备事故分析及处理

据国家质检总局关于2016年全国特种设备安全状况情况通报，我国2016年发生锅炉事故17起，其中违章作业或操作不当原因7起，设备缺陷和安全附件失效原因3起；压力容器事故14起，其中设备缺陷和安全附件失效原因3起，违章作业和操作不当原因4起；气瓶事故13起，其中违章作业或操作不当原因6起，设备缺陷和安全附件失效原因2起，非法经营1起；压力管道事故2起，其中1起为人员违章操作引起。

过程装备事故的发生，不但会造成巨大的财产损失，同时也可能造成惨重的人员伤亡，因此必须重视过程装备事故分析工作，找出事故真正原因，避免同类事故再次发生。

## 7.1 概　述

### 7.1.1 基本概念

过程装备失效（故障）是指装备丧失规定功能的现象。

“规定功能”是指法规、质量标准、技术文件以及合同规定的对装备适用性、安全性及其他特性的要求。规定功能是过程装备质量的核心，又是装备是否失效的判据。

“丧失”是指过程装备在使用过程中失去了规定的功能。这说明，装备规定的功能是从有到无，从合格到不合格的过程。这种丧失可能是暂时的、简短的或永久的；可能是部分的、全部的；丧失可能快也可能慢。

过程装备事故是指装备因非正常原因造成经济损失超过规定限额或者造成人员伤亡、设备损坏、环境污染等一定社会影响的事件。

事故也是一种失效，但侧重描述造成后果或对社会影响，而失效则侧重强调丧失规定功能。

### 7.1.2 承压设备常见失效模式

承压设备失效模式分类方法较多，按照失效发生形式可分为：过度变形（畸变）失效，泄漏失效，断裂失效，表面失效和失稳失效五类。

**过度变形失效** 是指承压设备或构件的尺寸和形状变化超出了允许范围而导致的承压设备不能正常应用的现象。可分为过度弹性变形失效和过度塑性变形失效及蠕变失效三类。过度变形失效虽未引起承压设备结构破坏，但会影响设备功能或者安全。例如，大型板式塔的塔盘过度变形会引起塔盘上流体分布不均匀，进而引起气体穿过塔盘时分布不均，严重影响传热或传质过程效率；再如，设备本体材料发生蠕变时，材料力学性能急剧降低，尽管设备依旧能保持整体结构完整性，但严重降低设备安全系数，增加设备危险性。

**泄漏失效** 主要是指承压设备或法兰、阀门等接口密封由于腐蚀穿孔、磨损、材料性能裂化导致螺栓力降低以及垫片性能裂化等造成的介质流溢成为泄漏的现象。泄漏失效可能会引发二次爆炸事故或者因泄漏降压诱发高压设备蒸汽爆炸事故。

**断裂失效** 由于设备内部压力快速增加，设备因腐蚀变薄，或者因为材料性能裂化等原因，设备不能承受内部压力而发生断裂。根据断后宏观形态，断裂失效可分为韧性断裂失效和脆性断裂失效。

**表面失效** 主要是指设备表面与介质作用，发生物理、化学或者物理化学共同作用并造成表面损伤的一种失效形式。可分为腐蚀、冲刷、磨损、腐蚀疲劳等。

**失稳失效** 设备在压力作用下，容器突然失去本来几何形状而引起的失效，主要发生在负压设备或者带夹套的设备中。

### 7.1.3 承压设备常见失效机理

**(1) 韧性断裂**

韧性断裂又称延性断裂或塑性断裂，是指在断裂前发生明显宏观塑性变形的断裂。锅炉、压力容器和压力管道等典型过程装备所用材料一般具有良好的韧性，正常工况下的上述设备不会发生明显的塑性变形。但是当工况条件改变时，例如由于进出料异常引起的设备超压或者由于超温等造成材料性能下降时，由于超压产生的当量应力会超过材料的强度极限，器壁就会产生大量塑性变形，直至发生破裂。图 7-1 是某气化炉激冷室因操作温度超温造成

图 7-1 厚壁容器韧性断裂外观

材料强度降低而引起的韧性断裂，图中箭头所指为韧性断裂断口。

韧性断裂表现出来的主要特征如下。

**断裂承压装备发生明显宏观变形** 韧性断裂是在材料大量的塑性变形后发生的断裂，塑性变形使材料在受力方向上留下较大不可恢复的残余伸长，在设备上具体表现为筒体直径增大。所以，显著的形状改变是承压设备韧性断裂的主要特征。从承压设备爆破试验和爆炸事故上所测数据统计表明，韧性断裂的承压设备最大圆周伸长率通常在10%以上，容积增大率往往也高于10%。

**断口呈暗灰色纤维状** 承压设备的韧性断裂是纤维空洞形成、长大和聚集后形成锯齿形的纤维状断口的结果，多是穿晶断裂，断口呈暗灰色无金属光泽。韧性断裂一般是切断，故断口宏观表面平行于最大切应力方向，并与最大主应力方向大约呈45度角。

**一般不发生碎裂** 发生韧性断裂的承压设备一般不破碎呈块或者片，而是只裂开一个裂口。对于壁厚均匀的圆筒容器，裂口通常沿轴向裂开。裂口大小与容器破裂时释放能量有关。

**超压破坏** 实际爆破压力接近计算爆破压力，属于超压破坏。承压设备的韧性断裂是设备当量应力超过材料强度极限时产生的断裂，其实际爆破应力远超承压设备的正常工作应力。设备因超温造成材料性能下降而造成的破坏是另外一种意义上的“超压”。

对于承压设备而言，在合理设计和正常使用条件下，不会发生韧性断裂的事故。但是在实际使用过程中，承压设备的韧性断裂事故时有发生，通常主要有以下原因。

**过量冲装** 气瓶、罐车和储罐类容器由于操作疏忽、计量错误或者其他原因造成过量冲装，在运输和使用过程中，容器内介质温度因环境温度影响升高，介质体积膨胀使容器内部压力迅速升高，极易导致容器韧性断裂破坏。

**超压** 生产过程中，由于误操作、违反操作规程或其他原因，造成容器内部进出料异常或者反应容器内反应失控都会使容器内压力升高，而设备没有设置安全泄压装置或者安全泄压装置失灵，最终会导致容器韧性断裂。

**使用过程中设备壁厚减薄** 由于内部介质对容器器壁的腐蚀或者设备长期不用而又未采取可靠防护措施，会造成设备器壁减薄，又未及时检验，也会造成设备在正常工作压力下发生韧性断裂。

**材料性能降低** 生产中因为误操作或者反应失控引起设备短暂超温运行，会引起材料强度降低（尚未发生严重蠕变情况下），在正常操作压力下，也会发生韧性断裂。

**(2) 脆性断裂**

在断裂之前没有发生或很少发生宏观可见塑性变形的断裂属于脆性断裂。尽管锅炉、压力容器和管道等承压设备在选材时都会选用韧性和塑性好的材料，但是钢材，特别是体心立方晶体的中低强度钢，在低温条件下存在韧脆转变现象，当设备在低于韧脆转变温度时，脆性增加，容易发生脆性断裂，特别是在高压、三向应力状态、低温等因素影响下高参数的厚壁大型容器。除此之外，制造过程中，由于采取了不合理的制造加工工艺，材料有可能会产生应变时效现象，造成材料韧性降低，在正常工作条件下，也会发生脆性破坏的事故。图7-2是此原因造成的厚壁管道的脆性断裂。

锅炉、压力容器和管道等承压设备发生脆性断裂时，断口形貌、裂纹形状等特征与韧性断裂特征区别明显，主要特征表现为如下几个方面。

**无明显残余变形** 金属脆断一般不留残余伸长，所以发生脆性断裂后的设备没有明显残余变形。许多在水压试验时脆性断裂的承压类设备的试验压力与容积增量在断裂前基本上仍

图 7-2　某厚壁高压管道脆性断裂外观（事故后收集碎块拼凑）

呈线性关系。有些碎成块的设备，将碎块拼组起来基本上还是原来的形状，厚度无明显减薄，周长也无明显变化。

**断口平齐并呈现金属光泽**　脆性断裂一般是正应力引起的解理断裂，其断口一般与主应力方向垂直且平齐。脆性断裂一般沿晶界断开，断口呈现金属光泽。在壁厚较大的脆性断口上，常会出现人字形花纹，其尖端指向裂纹源。

**一般破裂成碎块**　发生脆性断裂时，材料的韧性较差，而且脆性断裂的过程是一个裂纹快速扩展的过程，断裂也会在一瞬间发生。设备内部的能量和压力无法经过一个裂口释放，意味着脆性断裂的设备存在多条裂纹，并列成碎块，且碎片会飞出，造成事故后果比同等设备韧性破裂严重。

**断裂时名义应力较低**　发生脆性断裂时的设备壁中名义应力一般低于材料的屈服应力，故脆性断裂一般发生在正常工作压力或者水压试验压力下。

**断裂多发生在低温下**　承压设备多用面心立方的中低强度钢制造，具有冷脆倾向，所以脆性断裂多发生在较低温度下，包括较低的水压试验温度和较低的使用温度。

在传统设计中，不考虑脆性强度概念，没有考虑缺陷、温度、加载速度、三向应力状态等可能引起脆性断裂的因素。随着现代工业发展，人们认识到除合理选择材料外，在设计和制造方面，防止承压设备的脆性断裂也起着非常重要的作用。进行设计时应考虑控制脆性断裂的因素，包括材料的断裂韧度水平、承压设备的最低工作温度和应力状态、交变载荷或冲击载荷等承受载荷类型及环境腐蚀介质。

**正确选材**　因为材料存在低温韧脆转变特性，设计者必须考虑设备承受的最低工作温度要高于材料的韧脆转变温度。同时，设计者在设计工作温度较低的容器时，必须降低设计应力水平。

**减少应力集中，消除残余应力**　为了减少设备的脆性断裂，在设计时就应使由缺陷所产生的应力集中减少到最低限度，例如减少尖锐角；其次，尽量保证几何结构的连续性，降低因结构不连续造成的应力集中；最后，设备连接过渡处采用合适的焊接方法，尽量减少焊接缺陷。

**选用合理制造工艺，防止应变时效发生**　特别涉及加工制造过程中遇到大塑性变形情况时，一定要选用合理的制造工艺，控制质量，必要时采取合适的热处理工艺，消除应变时效影响。

**加强检验** 对于承压设备进行定期检验，及早发现缺陷，及时消除并严格控制。

**(3) 疲劳断裂**

疲劳断裂是承压设备常见的断裂失效形式。疲劳断裂是指锅炉、压力容器等承压类过程设备以及过程机器在交变载荷的长期作用下，材料本身含有裂纹或经一定循环次数后产生裂纹，裂纹扩展使过程设备和过程机器没有经过明显的塑性变形而突然发生的断裂。据公开文献数据表明，在运行期间发生破坏事故的容器类设备，接近 90%的事故是由裂纹引起的。而在由裂纹引起的事故中，有近 40%的事故是由疲劳裂纹引起的。

疲劳裂纹依次经过裂纹萌生、扩展和快速断裂三个阶段。在交变载荷作用下，在构件金属表面、晶界及非金属夹杂物等处集中产生了不均匀滑移而萌生微小疲劳裂纹。晶界及非金属夹杂物处是容易萌生疲劳裂纹的地方；在应力集中的地方也是疲劳裂纹容易萌生部位，如承压设备结构不连续位置处、接管口等。裂纹萌生后在交变应力作用下，裂纹扩展，其扩展方向垂直于主应力。当裂纹扩展至临界长度时，承压设备剩余截面不足以抵抗外载荷时，便瞬间断裂。疲劳裂纹扩展的三个阶段使疲劳断口呈现出三种不同的特征，其中疲劳源区面积通常较小，色泽光亮；裂纹扩展区通常比较平整，呈现典型的贝壳状（沙滩状）疲劳辉纹；瞬断区则具备典型的静载断口形貌，呈现较粗糙的颗粒状。从宏观断口上观察，疲劳源成核区所占面积较小，经常与扩展区合称为裂纹成核及扩展区。典型疲劳裂纹断口如图 7-3 所示。

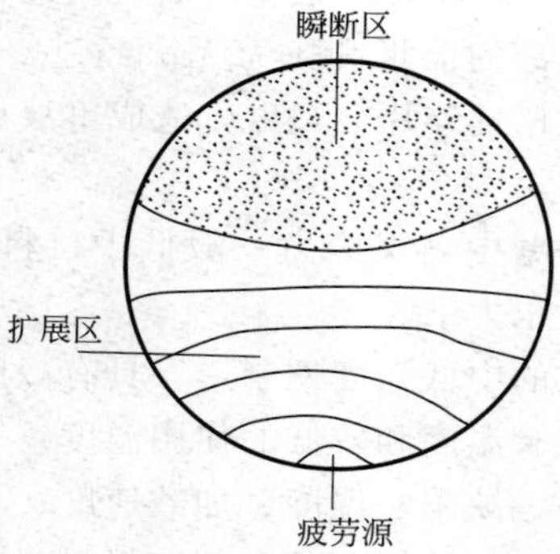


(a) 疲劳裂纹示意图

(b) 疲劳断口实物图

图 7-3 疲劳裂纹断口

承压设备的疲劳断裂多属于金属的低周疲劳断裂，即承受较高的交变应力，而循环次数并不是太多。一般来说，承压设备的承压部件在长期反复交变载荷作用下，首先在应力集中处产生微裂纹，之后随交变载荷的继续作用，裂纹逐渐扩展，直至接近或达到临界裂纹长度后，快速扩展，导致断裂。近年来，高强度钢大量应用在承压设备中，高强度钢在制造过程中容易产生裂纹和其他缺陷，同时各国承压设备的设计安全系数普遍在逐步降低，这些都增加了承压设备发生疲劳断裂的危险性。

低周疲劳断裂的主要影响因素如下。

**存在较高的局部应力** 低周疲劳的应力条件是接近或超过材料的屈服强度。承压设备中结构不连续处极可能满足该条件，例如接管、开孔、焊缝及材料缺陷处，这些位置的应力甚至会超过材料屈服强度。在较高局部应力作用下，如果频繁加载和卸载，就会在该位置处萌生发展为微小裂纹，并扩展直至断裂。

**存在交变载荷** 承压设备器壁上的交变应力主要包括以下几种情况：间歇式流程承压设备会经常进行反复加压和卸压，且压力波动较大；容器内部操作温度发生较大周期性变化，造成较大的器壁温度应力反复变化；容器受到系统振动；容器受到风载荷等周期性外载荷的作用。

发生疲劳断裂的承压设备一般具有以下特征。

**没有明显的塑性变形** 承压设备的疲劳断裂首先是在局部应力较高位置上产生微小裂纹，之后扩展，最后达到临界裂纹长度或者剩余截面应力达到材料抗拉强度或超过材料断裂韧度后即发生快速开裂，故一般无明显塑性变形。即使最后断裂区是韧性断裂，也不会使容器整体产生塑性变形。断裂后的容器直径不会有明显增大，大部分壁厚没有明显减薄。

**宏观断口分为明显的裂纹源与扩展区、终断区两个区域** 承压设备的断口与机器零件断口稍有区别，引起承受交变载荷变化周期较长，剪切裂纹扩展较为缓慢，加上容器内介质的侵蚀，其疲劳辉纹不太明显。

**常伴随着开裂泄漏失效** 疲劳断裂的承压设备一般不会断裂成碎片，只是开裂成一个裂口，致使内部介质泄漏。

**断裂总是发生在容器承受多次交变载荷后** 承压设备的疲劳断裂总是发生在多次加压和卸压后，多属于低周疲劳，一般寿命在 $10^2 \sim 10^5$ 次之间。

预防承压设备疲劳断裂失效可以采取如下措施。

ⅰ. 在保证静载强度前提下，选用塑性好的材料；

ⅱ. 结构设计中，尽量避免或减小应力集中现象；

ⅲ. 制造过程中尽量减少残余应力，避免安装过程中产生的二次应力；

ⅳ. 运行过程中，尽量减少压力和温度波动，尽量避免反复加压和卸载；

ⅴ. 加强检验，及时发现和消除缺陷。

**(4) 蠕变断裂**

蠕变是指材料在应力和一定温度作用下，随着时间增加，材料不断发生塑性变形的持续过程。承压设备蠕变断裂是指高温下长期受载，随着时间增加金属材料发生缓慢的塑性变形，塑性变形经长期积累而造成厚度明显减薄和鼓胀变形，最终导致承压设备断裂。

蠕变过程通常通过蠕变过程中变形与时间的关系曲线来表示。试验表明，对于特定材料，在特定的载荷和温度作用下，蠕变曲线大致可分为减速期、恒速期和加速期三个阶段。不同材料、不同载荷或者不同温度，蠕变曲线形状会有不同，但均包含上述三个阶段，主要区别在于恒速期的长短。

蠕变变形的主要影响速率为材料、应力和温度。对于不同材料，存在温度阈值，高于该温度阈值时，材料蠕变损伤就可能发生，该温度阈值一般为材料熔化温度的 25%～35%，碳钢的蠕变温度阈值为 350～400℃，部分低合金钢的蠕变温度阈值大约为 450℃。在该温度值以下服役的承压设备，即使存在较高的局部应力，装备寿命基本不受影响。在温度阈值以上时，随着温度的增加，材料的蠕变速率快速增加，例如合金温度增加 12℃，装备剩余寿命缩短一半以上。应力水平越高，蠕变变形速率也越大。

对于高温下服役的过程装备，一般难于避免蠕变现象和蠕变过程，但是可以通过采取一定的措施来控制蠕变速度，使之在设计寿命内仅发生减速蠕变或者恒速蠕变，不进入蠕变加速期，也不发生蠕变断裂。

金属材料的蠕变断裂，基本上可以分为两种：沿晶型蠕变断裂和穿晶型蠕变断裂。

沿晶型蠕变断裂在断裂前塑性变形很小，断裂后的伸长率较低，颈缩现象很小或者没有，在晶体内常有大量细小裂纹，通常也称为蠕变脆性断裂。沿晶型蠕变断裂的作用环境通常是在高温、低应力作用下，在这种情形下，晶界滑移和晶界扩散比较充分，孔洞和裂纹沿晶界形成和扩展。

穿晶型蠕变断裂在断裂前有大量的塑性变形，发生断裂后的设备变形较大，伸长率高，会出现颈缩现象，断口呈韧性形态，因而也称为蠕变韧性断裂。穿晶蠕变则是在高应力条件下，孔洞在晶粒中夹杂物处形成，随蠕变损伤的持续而长大、汇合的过程。

对于承压设备而言，蠕变多数发生在高温环境下，因此蠕变断口常会呈现明显的氧化色彩。

蠕变断裂的预防措施如下。

**优化设计** 设计时充分考虑各种不利因素，选择合理的截面形式和开孔补强，降低局部高应力。

**材料合金成分合理** 选择蠕变韧性储备足的材料，或者添加合适的合金成分，并采取合适的焊后热处理提高材料蠕变韧性。

**修复或更换** 蠕变损伤不可逆，一旦检测到损伤或开裂，应进行寿命评价，发现严重损伤或裂纹时应修复或更换，制造时采用焊接方法工艺的易选择较高的焊后热处理温度。

**优化工艺** 改进工艺运行参数或物料组分比，降低工艺运行温度至材料蠕变阈值以下，减少局部过热情况，并减少结垢或沉积，对结垢和沉积物及时清除，防止局部高温现象出现。

**规范操作** 严格执行操作规程和规范，防止装备整体或局部超温。

**(5) 应力腐蚀开裂**

应力腐蚀开裂是指金属构件在特定的腐蚀性介质作用下引起的开裂。应力腐蚀开裂是介质腐蚀造成承压设备断裂中最常见的一种。应力腐蚀及其开裂有以下特点。

引起应力腐蚀开裂的应力必须是拉应力，且应力可大可小，极小的应力水平也可能导致应力腐蚀破坏。这里的应力可能是外加应力，也可能是加工制造过程中产生的残余应力，比如冷加工、焊接和安装时产生的应力。有研究表明压应力也可产生应力腐蚀开裂。

纯金属不会发生应力腐蚀开裂，但几乎所有的合金在特定的腐蚀环境中都会产生应力腐蚀裂纹。各种工程材料几乎都有应力腐蚀开裂敏感性。

产生应力腐蚀开裂的材料与腐蚀性介质间有选择性和匹配关系，即当二者在某种特定组合情况下才会发生应力腐蚀开裂，例如碳钢在碱性溶液中会产生应力腐蚀开裂。常用金属材料发生应力腐蚀的敏感介质见表 7-1。

**表 7-1 常用金属材料发生应力腐蚀的敏感介质**

| 材 料 | 可发生应力腐蚀的敏感介质 |
| --- | --- |
| 碳钢与低合金钢 | 氢氧化钠溶液；硫化氢水溶液；碳酸盐或硝酸盐或氰酸盐水溶液；海水；液氨；湿 $CO\text{-}CO_2$-空气；硫酸-硝酸混合液；热三氯化铁溶液 |
| 奥氏体不锈钢 | 海水；热氢氧化钠溶液；氯化物溶液；热氟化物溶液 |
| 铁素体铬不锈钢 | 氢氧化钠溶液；海水；$H_2S$ 溶液；高温水；硝酸；硫酸；氯化钠溶液 |
| 铝合金 | 潮湿空气；海水；氯化物水溶液；汞 |
| 钛合金 | 海水；盐酸；发烟硝酸；300℃以上的氯化物；潮湿空气；汞 |

应力腐蚀开裂过程是一个电化学腐蚀过程，包括应力腐蚀裂纹萌生、稳定扩展、失稳扩

展等阶段。

承压设备不仅承受压力载荷，同时大多会处理腐蚀性流体物料，并与外界环境直接接触，满足应力腐蚀开裂的条件。承压设备中常见的应力腐蚀有：液氨对碳钢及低合金钢的应力腐蚀；$H_2S$ 对钢制容器的应力腐蚀；苛性碱对锅炉炉筒或压力容器的应力腐蚀（碱脆或苛性碱脆）；潮湿条件下 CO 对气瓶的应力腐蚀等。

应力腐蚀开裂属于典型的脆性断裂，断口较为平齐，无明显塑性变形，其断裂方向与主应力方向垂直。应力腐蚀开裂可能是穿晶断裂，也可能是沿晶断裂，或者是混合断裂，无明显规律，但应力腐蚀扩展过程中均会发生裂纹分叉现象，裂纹呈典型的树枝状。典型应力腐蚀裂纹形貌如图 7-4 所示。

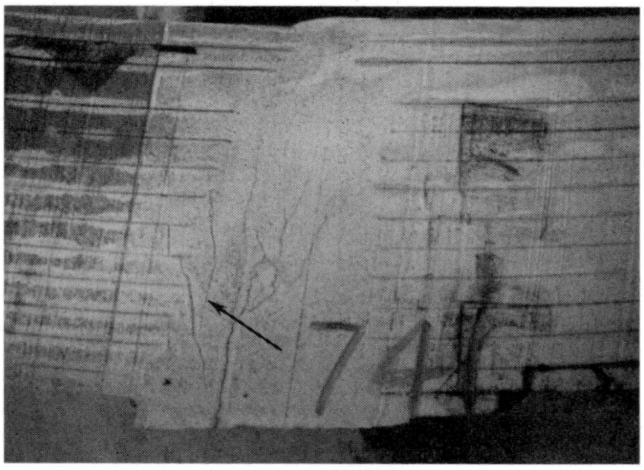

图 7-4　典型应力腐蚀裂纹形貌

应力腐蚀是一种局部腐蚀，其断口可分为裂纹扩展区和瞬断区两部分，前者颜色较深，有腐蚀产物伴随，后者颜色较浅且洁净。

预防应力腐蚀开裂的主要措施如下。

ⅰ. 合理选材，尽量避开材料与敏感介质的匹配，例如当涉及海水或含氯离子环境时，避免选用奥氏体不锈钢材质的设备。

ⅱ. 优化设计，避免出现过大的局部应力。

ⅲ. 采用涂层或者衬里，把腐蚀介质与承压设备基体材料隔离。

ⅳ. 在制造过程中采用成熟合理的焊接工艺及装配成形工艺，并进行必要合理的热处理，消除焊接残余应力及其他应力。

ⅴ. 应力腐蚀通常对水分及潮湿环境敏感，使用中注意防潮防湿。

# 7.2 事故调查分析程序

## 7.2.1 事故分类

《特种设备安全监察条例》中，将压力容器、压力管道等承压设备事故按照事故造成的破坏程度，包括人员伤亡和财产损失，共分为特别重大事故、重大事故、较大事故和一般事故四个级别。具体分类方法如下。

**(1) 特别重大事故**

承压设备事故造成 30 人以上死亡，或者 100 人以上重伤（包括急性工业中毒），或者 1 亿元以上直接经济损失的；600 兆瓦以上锅炉爆炸的；压力容器、压力管道有毒介质泄漏，造成 15 万人以上转移的。

**(2) 重大事故**

承压设备事故造成 10 人以上 30 人以下死亡，或者 50 人以上 100 人以下重伤，或者 5000 万元以上 1 亿元以下直接经济损失的；600 兆瓦以上锅炉因安全故障中断运行 240 小时以上的；压力容器、压力管道有毒介质泄漏，造成 5 万人以上 15 万人以下转移的。

**(3) 较大事故**

承压设备事故造成 3 人以上 10 人以下死亡，或者 10 人以上 50 人以下重伤，或者 1000 万元以上 5000 万元以下直接经济损失的；承压设备爆炸的；有毒介质泄漏，造成 1 万人以上 5 万人以下转移的。

**(4) 一般事故**

承压设备事故造成 3 人以下死亡，或者 10 人以下重伤，或者 1 万元以上 1000 万元以下直接经济损失的；压力容器、压力管道有毒介质泄漏，造成 500 人以上 1 万人以下转移的。

## 7.2.2 事故报告

承压设备发生事故后，应按照《特种设备安全法》《特种设备安全监察条例》及《特种设备事故报告和调查处理规定》中规定进行报告及处理。

事故发生单位应当按照应急预案采取措施，组织抢救，防止事故扩大，减少人员伤亡和财产损失，并于 1 小时内向事故发生地县级以上人民政府负责特种设备安全监督管理的部门和有关部门报告。当地监管部门在接到事故报告后，尽快核实有关情况，立即向本级人民政府报告，并按照规定逐级上报质量技术监督部门，直至国家质检总局。每级上报时间不得超过 2 小时，必要时可越级上报。发生特种重大事故或者重大事故后，事故发生单位或业主还应直接上报国家质检总局。对于一般事故，事故发生单位或业主应当立即向设备使用注册登记监管部门报告。移动式压力容器异地发生事故后，业主或聘用人员应当立即报告当地监管部门，并同时报告设备使用注册登记监管部门。当地监管部门接到事故报告后应当立即逐级上报。

事故报告应当包括以下内容。

ⅰ. 事故发生单位（或者业主）名称、联系人、联系电话；

ⅱ. 事故发生地点；

ⅲ. 事故发生时间（年、月、日、时、分）；

ⅳ. 事故设备名称；

ⅴ. 事故类别；

ⅵ. 人员伤亡、经济损失以及事故概况。

事故续报内容应该包括：事故发生单位详细情况、事故详细经过、设备失效形式和损坏程度、事故伤亡或涉险人数变化情况、直接经济损失、防止发生次生灾害的应急处置措施和其他有必要报告的情况。

省级质量技术监督部门应设立和公布事故举报电话，并按照规定依次向国家质量监督检验检疫总局上报季度、年度事故汇总表。

## 7.2.3 事故现场紧急处理

承压设备发生事故后应当立即进行灭火及抢救伤员，马上采取减轻事故后果的措施。承压设备多为流程工业的核心装置，处理物料大多为易燃、易爆、有毒等介质，单体设备一旦发生事故，若不及时采取有效措施，非常容易引发二次事故或连锁事故，造成更大的财产损失和人员伤亡。一旦发生事故，操作人员要冷静沉着，准确判断、分析事故原因、及时处理，采取措施防止事故蔓延扩大。具体措施如下。

ⅰ. 切断电源。承压设备破裂造成的易燃性介质泄漏遇电源或明火后，容易引起二次爆炸等事故。为防止产生更严重的后果，应使电源切断。切断电源时注意爆出的电火花同样会引爆弥散在周围空间的物料，故此时要特别小心，应设法安全切断电源。

ⅱ. 妥善处理物料。发生事故的容器或管道应及时排空并将物料转移到安全的储罐或事故槽罐内，切不可任意排放，防止引发二次事故。对于连续性生产过程中的承压装备发生事故，应及时关闭进出料阀门。

ⅲ. 按规定及时向有关人员和上级部门报告事故的情况，操作人员不清楚事故原因时，应迅速报告上级，不得盲目处理，事故未妥善处理前，相关人员严守岗位。

ⅳ. 保护现场。事故现场遗留信息是后续事故原因定性时的重要证据，因此在事故发生后，除采取防止事故扩大的措施及由于救援等所采取的清理外，不得变动现场。为防止事故扩大、抢救人员或者疏通通道时，需要移动现场物件时，必须做出标志，绘制现场简图并形成书面记录，并由见证人员签字确认，必要时应当对事故现场和伤亡情况录像或拍照。

设备破坏断口真实记录了设备破裂时的情况，可以为事故原因定性提供很多直观证据。因此，事故发生后，要特别注意对断口的保护。为防止断口锈蚀，断口一般先用无水酒精或丙酮等非水溶剂清洗，特别注意不能用钢丝刷对断口进行清理。清洗后，在断口表面涂上轻质油等，或者转移至室内等干燥地方，或者用防水雨布、油纸等覆盖。

保护现场的另外一项重要工作是注意收集并保护设备操作运行记录，这些资料也是分析事故，并进行事故定性的重要资料。

## 7.2.4 事故调查

承压设备发生事故后，相关单位除按照相关预案采取措施，组织抢救，防止事故扩大，减少人员伤亡和财产损失，保护现场，并向有关部门按照规定报告外，还应配合事故调查组的事故调查工作。

监管部门会同相关部门组织成立事故调查组，依法、独立、公正地开展调查，提出事故调查报告。特种设备发生特别重大事故，由国务院或者国务院授权有关部门组织事故调查组进行调查。发生重大事故，由国务院负责特种设备安全监督管理的部门会同有关部门组织事故调查组进行调查；发生较大事故，由省、自治区、直辖市人民政府负责特种设备安全监督管理的部门会同有关部门组织事故调查组进行调查；发生一般事故，由设区的市级人民政府负责特种设备安全监督管理的部门会同有关部门组织事故调查组进行调查。

事故调查过程中，事故调查组会对事故现场进行调查，并向发生事故单位、有关部门及相关人员了解事故相关情况。事故现场调查时，主要工作包括以下内容：承压设备破坏情况的检查和测量，包括承压设备的破坏形式、有关破坏后的尺寸（整体尺寸是否发生变化等）、碎片（碎片尺寸、飞出距离等）测量和断口检查；安全泄放装置情况的调查；破坏情况与人员伤亡情况调查；事故前承压设备运行状况，事故时闪光、响声等经过情况的事故过程调查；制造情况与服役历史的调查；操作人员情况调查等。接受问询的事故单位及有关人员，必须实事求是的向事故调查组反应并提供事故情况及设备资料，如实回答事故调查组人员的问题，并对提供资料的真实性负责。

事故调查组在事故调查过程中，可以根据需要委托有能力的单位，进行技术检测或者技术鉴定。接受委托的单位在完成技术检验或者技术鉴定工作后，应出具技术检验或技术鉴定报告书，并对其负责。

事故调查应该根据事故发生和当事人的行为，确定当事人应当承担的责任，并在事故报告书中，提出事故处理意见。

组织事故调查的部门应当将事故调查报告报送组织该起事故调查的行政部门，由其批复，并报上一级人民政府负责特种设备安全监督管理的部门备案。

事故责任单位应当依法落实整改措施，预防同类事故发生。事故造成损害的，事故责任单位应当依法承担赔偿责任。

### 7.2.5 事故处理

事故调查报告批复后，组织该起事故调查的行政主管部门应将事故调查报告书归档备查，并将事故调查报告副本送到国家质检总局事故调查处理中心、当地人民政府和有关主管部门。

事故发生单位、主管部门和当地人民政府应当按照国家有关规定对事故责任人员作出行政处分或者行政处罚决定；构成犯罪的，由司法机关依据相关法律规定追究刑事责任。

## 7.3 设备事故鉴定分析方法

### 7.3.1 现场调查

承压装备发生事故后，事故调查组要尽快对事故现场进行仔细的检查、观察和技术测试。事故现场调查内容应根据具体情况来决定检查内容，一般包括以下内容。

**(1) 设备本体破裂情况检查**

ⅰ. 初步观察设备断裂面，包括认真观察和记录断口形状、颜色、晶粒和断口纤维状等；认真检查发生在焊缝部位的破裂口处有无裂纹、未焊透、夹渣、未熔合等缺陷和有无腐蚀物痕迹。对破裂面的初步观察，大体可判断设备的破裂形式。

ⅱ. 检查设备破裂形状和测量尺寸，包括测量无破碎块设备的壁厚、开裂位置和方向、裂口宽度和长度，并与原周长、壁厚比较，计算破裂后的伸长率和壁厚减薄率；原位拼组破裂后形成几大块的承压设备，并记录飞出距离、重量，计算爆破能量。

ⅲ. 设备内外表面情况，包括金属光泽、颜色、光洁程度、有无严重腐蚀、有无燃烧过痕迹等。

**(2) 安全装置完好情况检查**

ⅰ. 压力表进气口是否堵塞，爆破前是否失灵；

ⅱ. 安全阀进气口是否堵塞，阀瓣与阀座间是否因黏结、弹簧锈蚀、卡住或过分拧紧，以及重锤被移动等造成失灵的现象，安全阀是否有开启过的痕迹，必要时放到实验台上检查开启压力；

ⅲ. 温度仪表是否失灵；

ⅳ. 减压阀是否失灵；

ⅴ. 爆破片是否爆破，必要时进行爆破片爆破压力测定试验。

**(3) 现场破坏及人员伤亡情况调查**

勘察周围建筑物的破坏情况，包括地坪、屋顶、墙壁厚度及破坏情况及与爆炸中心距离，门窗破坏情况基于爆炸中心距离，以反证评估爆炸能量；调查人员伤亡，受伤部位及程度等情况；调查现场及周边情况；有否易燃物燃烧痕迹等。

## 7.3.2 事故过程调查

事故过程调查内容主要包括以下两个方面。

**(1) 事故前设备运行情况调查**

主要调查设备事故前的实际操作温度、压力、介质性质（易燃性、腐蚀性、爆炸极限等）等，特别注意了解事故发生前是否有异常情况，如温度、压力波动，是否有过度盛装（主要针对储存类容器，如液化气储罐）或阀门操作失误、物料成分反常以及泄漏与明火情况，需要对记录仪表的正确性做出鉴别，对人工记录数据的真伪做认真的调查，对事故发生前后操作人员的操作经过做出调查。

**(2) 事故发生经过情况调查**

主要包括何时发生有异常情况、采取措施情况、向生产指挥负责人员汇报及下达指令的情况、安装装置动作情况，以及事故发生时的详细情况，例如闪光、响声、爆炸声的次数、着火情况等。

## 7.3.3 制造与服役历史的调查

过程装备的事故往往不是由孤立的某一原因产生的，常常涉及原材料、制造、安装、使用、检验及历次维修的情况，因此必须对此进行详细调查。

**(1) 制造情况检查**

包括制造厂、出厂年月、产品合格书，有时还必须追踪到原材料的情况，如质量保证书或复验单、代用情况等；焊接材料及焊接实验材料、焊接工艺、无损检测资料、热处理记录，以及耐压试验记录材料。特别是对承压设备起爆位置应详细了解当时制造的情况，如该部位错边、角变形、咬边及其他焊接工艺情况，出厂时是否有记录，是否有该部位的无损检测记录资料，是否有射线检测底片等。

**(2) 服役历史调查**

包括历年来所处理过的物料、操作温度、操作压力及其他改变的情况，使用的年限，实际运行的累计时间，检验的历史及上次检验检修的时间、内容，曾经发现过的问题，处理的措施。特别注意了解温度与压力波动（交变）的范围和周期，很多承压设备的名义操作压力和温度与实际操作压力和温度有相当大的距离，应设法了解哪些波动范围超过20%的周次。对于厚壁承压设备特别要注意内外壁温的变化与波动，这些变化与波动会引起温差应力波动。此外，还应了解物料对于材料的腐蚀情况，更要注意是否有应力腐蚀或晶间腐蚀倾向的问题。

**(3) 超压泄放装置情况调查**

包括超压泄放装置的形式、规格、已使用时间、日常维修及检验情况。对易燃易爆物料更应注意对这些情况的调查。

**(4) 操作人员调查**

包括操作人员的技术水平、工作经历、劳动纪律、本岗位的操作熟练程度及事故紧急处理等情况，还应了解过去操作人员变动情况。

## 7.3.4 技术检验与鉴定

对情况复杂的过程装备事故，只依靠现场调查并不能对事故原因进行定性，有必要进行进一步的技术检验、计算、试验，才能确定确切的原因。技术检验与鉴定主要包括如下内容。

**(1) 材质分析**

过程装备的破裂与制造所用的材料有直接关系，从破裂后的设备本体上取样进行检验，可以查明材料的成分和性质是否符合设计要求或该设备实际使用工况的要求；还可查明设备材料在使用过程中，其化学成分、性能和金相组织是否发生变化。检验内容主要包括：化学成分分析、力学性能测试、金相检查、工艺性能测试。

① 化学成分分析　重点化验对设备性能有影响的元素成分，对材质可能发生脱碳现象的设备，应化验其表面层含碳量和内部含碳量，并进行对比。分析介质对材质的影响，借以鉴别是否用错材料或材质发生变化。

② 力学性能测试　测定材料强度、塑性、硬度等以判断材质组织变化情况或是否错用材料。测定钢材的韧性指标，以鉴定是否可能脆性断裂。

③ 金相检查　观察断口及其他部位金属相的组成，注意是否有脱碳现象，分析裂纹性质，为鉴别事故性质提供依据。

④ 工艺性能测试　主要是焊接性能测试、耐腐蚀性性能试验。实验时应取与破裂设备相同的材料和焊条、焊接工艺，观察试样是否有与破裂设备类同的缺陷。

**(2) 断口分析**

设备断口是设备断裂时形成的断裂表面及其外观形貌，能提供有关断裂过程的许多信息，因此，断口分析是研究承压设备破坏现象微观机理的一种重要手段，可以为断裂原因的分析提供重要证据。断口试样应保留至事故无异议并处理完毕。

断口分析一般分为三个步骤：首先是断口的保护与清理，即事故发生后尽快观察全部断口，把主要特征记录下来，并将断口清洗干净、吹干、保存好；其次，断口宏观分析，即用肉眼或放大镜来判断设备的断裂形式；第三，断口微观分析，即借助电子显微镜对断口的微观形态进行分析，以弥补宏观检验的不足，即通过微观分析确定裂纹的扩展、断口析出相和腐蚀产物的属性。

**(3) 分析计算**

如强度计算（爆破前的壁厚）、爆炸能量计算、液化气过量充装可能量计算等。

**(4) 无损检测**

重点检查设备投入使用后新产生的缺陷和投用后发展了的制造原始缺陷，包括表面裂纹分布情况和焊缝内部缺陷情况。

**(5) 安全附件检验与鉴定**

对事故发生后保留下来的安全附件如压力表、液位计、温度计、安全阀、爆破片等进行技术检验，鉴定其技术状况。

## 7.3.5 综合分析

综合分析的目的是最终对事故的过程、性质、破裂形式及形态和事故原因作出科学的结论。综合分析的基础和依据是事故调查及技术鉴定。由于承压设备事故的原因复杂，必须将调查及技术鉴定的资料仔细研究分析，去伪存真，防止片面，才能使结论科学可靠。

### 7.3.5.1 破坏或爆炸事故性质的判断

**(1) 破坏程度**

设备按照破坏严重程度分为鼓胀、泄漏、爆裂和爆炸 4 个等级。

对于鼓胀，肉眼可见的承压设备局部或整体的过渡变形，造成后果不太严重；泄漏是指介质从已穿透的缺陷中涌出甚至喷出，有可能引起爆炸；爆裂是指局部存在严重缺陷，在不太高的压力下裂开很大的缝隙，破裂时有响声，可能引起燃烧爆炸；爆炸是指承压设备不但裂开大口，而且伴有巨大响声、变形、撕裂、甚至碎片或整台设备飞出，会引起其他设备、建筑物破坏及人身伤亡、火灾等严重后果。

**(2) 爆破事故性质的判断**

爆裂与爆炸的承压设备按照破裂的性质可分为正常压力爆炸、超压爆炸、化学爆炸和二次爆炸四种。

承压设备正常压力下的爆炸是指在工作压力或压力试验压力下的爆裂或爆炸。可能是因为承压设备腐蚀减薄或设计壁厚过薄而造成的，虽未超压但属超过屈服压力的高应力爆炸；也可能是因为缺陷，特别是裂纹类缺陷、疲劳裂纹或应力腐蚀裂纹等因素引起的低应力爆炸，对此常称为低应力脆性破坏。前者有明显的塑性变形，后者塑性变形较小。鉴别此类破坏的主要依据是设备是否超压，需调查操作记录，特别是自动记录数据，检查安全阀爆破片是否正常，是否开启、破坏、泄放过，必要时可卸下安全阀做开启试验；检查压力表有无异常；此外，还应检查断口上显示的缺陷情况。

一般承压设备在耐压试验以上压力下爆裂或爆炸均可称为超压爆破。这类破坏一般是由于操作失误，高温高压液体瞬间较大量泄漏或泄放造成平衡状态破坏、液化气储罐超装引起压力明显升高所致。此外，若有裂纹等原始缺陷而又不是太严重时，在正常压力下不会引起扩展，但是遇到超压时，就可能在不太高的压力下发生爆裂或爆炸事故。如果设备无缺陷，材料韧性良好，则可能在超过工作压力 3 倍以上时才破坏，并且表现出韧性破坏形态及各项特征。如果缺陷存在，或者材料韧性也不太好，可能在超压程度不太高时发生破坏，此时韧性破坏的形态可能不太明显，甚至表现为脆断的形态。所以超压破坏并不意味着一定是韧性破坏或者脆性破坏。

化学爆炸是指承压设备内的介质由于发生不正常的化学反应，例如反应速度失控或者混合可燃气体达到爆炸极限而发生剧烈反应，压力急剧升高，导致承压设备压爆裂或爆炸。爆炸前由于压力急剧升高，超过按壁厚计算的理论爆破压力，瞬间释放能量。尽管化学爆炸引起的设备爆裂或爆炸也属于超压破坏，但其与前面超压爆炸部分所讲的物理爆炸不同。化学爆炸往往易引起粉碎性破坏，也伴随有巨大塑性变形。因升压迅速，安全附件即使开启也来不及卸压。压力表指针常撞弯并回不到零位。按承压设备爆破压力计算出的爆炸能量将小于现场破坏所需的总能量，据此可推断是化学反应爆炸，而非物理爆炸。高温高压液体瞬间大量泄漏或泄放，引起平衡破坏型爆炸的过程往往呈现化学爆炸的特征。

二次爆炸是指承压设备在正常压力下的爆炸或者超压爆炸后逸出设备外的气体与空气混合达到爆炸极限后再发生的爆炸。二次爆炸前一般是设备发生物理爆裂或泄漏，然后在设备外再次发生化学反应爆炸。二次爆炸伴有闪光与第二次响声，但有的与第一次爆炸几乎没有时间间隔。现场有燃烧痕迹或遗留物，易引起火灾、抛出设备、破坏建筑物和其他设备。这种爆炸同样具有上述设备内化学爆炸的特点。按爆炸压力推算出承压设备爆破能量也同样小于现场破坏所需的总能量；设备外的二次爆炸往往不像设备内化学爆炸那样容易产生碎片，二次爆炸时很可能由于冲击波的巨大能量将设备本体或附近设备推倒，而不是以产生碎片为主。但是当二次爆炸前的物料爆炸是超压气体爆炸时，且承压设备有较多缺陷和应力集中，可能在二次爆炸前就已经产生碎片，然后再发生二次爆炸。因此也不能笼统地说有碎片的就没有发生二次爆炸。确定二次爆炸需综合考虑许多因素，而且要从很多方面考虑，例如当设备内不可能混入可燃气体时，而且设备内即使是有化学反应过程，但又不会产生反应速度失控而造成危险时，这种爆炸就很可能是物理爆炸或泄漏后的设备处二次化学爆炸。

二次爆炸前的物理爆炸也有正常压力下的和超压下的爆炸之分，综合分析时应尽量予以鉴别。

#### 7.3.5.2 断裂形式的鉴别

过程装备破坏形式是指设备断裂之后的客观形态（韧性与脆性）或造成破坏的机理（微孔聚集、解理、疲劳、腐蚀、蠕变等）。综合考虑断裂形态与机理两方面，习惯上可以分为下面五种破坏形式：韧性断裂、脆性断裂、疲劳断裂、腐蚀断裂和蠕变断裂。不同的破坏方式有自己的特点，要对其进行鉴别，除以操作上的可能性作为根据外，更重要的是按照断裂后的设备形貌、形态、断口分析、材料分析和金相分析等各种技术分析结果进行综合鉴别。

**(1) 韧性断裂**

首先，过程装备发生韧性断裂有超压和腐蚀减薄两种可能。腐蚀减薄可源自于内部介质对设备内壁的腐蚀或外部环境（大气等）对设备外壁的腐蚀，或者是特殊环境腐蚀造成的大面积均匀减薄。其次，韧性断裂后的形态，一般具有明显的肉眼可见的宏观变形，如整体鼓胀明显，若可以测量的话，其实际的容积残余变形率必定在10%以上，甚至达到20%左右；其周长的伸长率也会在10%～20%左右；另外，断口在起爆处必定显著减薄。

断口分析中，必须注意以下特征：断口上具有明显的三个区域——纤维区、放射纹人字纹区、剪切唇区。顺着人字纹射线所指方向必定是纤维断口，即起爆口，没有碎片或偶尔有碎片。当因设备内化学爆炸致使破裂时，由于能量巨大会造成一些大块的碎块。

按照实际壁厚计算出的承压设备爆破压力与实际爆破压力相接近。

**(2) 脆性断裂**

如前述，脆性断裂是指设备断裂前变形量很小的断裂，而且材料脆性或存在缺陷都会引起过程装备的脆性断裂。

因材料脆性而引起的脆性断裂。可能由于工作于低温的设备材料选用不当或焊接与热处理不当使材料脆化。断口呈脆性断口状态，即无纤维区和剪切唇，甚至出现结晶状的断口，断口平齐，有金属光泽。脆断极易有碎片，而且较为分散、块小。采用电子显微镜分析断口，基本上是河流状花样，说明是解理机制的断裂，即宏观与微观表现一致，均表现出脆性断裂的特征。

因缺陷引起的低应力脆性断裂。承压设备所用材料一般韧性较好，只是由于母材存在夹渣、分层、折叠、疏松等严重的原始缺陷，或更多的是因为焊缝区存在严重的未焊透、未熔合、夹渣、条状夹渣、密集气孔，特别是制造时漏检和使用过程中产生的裂纹，这些都将导致低应力脆断的发生。这类脆性断裂的特点是：断裂时压力不高，常在耐压试验时就破裂，也可能在接近正常工作压力下破断，属于未达到工作压力的破坏，常被称为“低应力脆断”；断裂时设备没膨胀，无明显的塑性变形，因此从断裂形态上来说是属于脆断的，但断口却与韧性断口有相似之处，也有不同之处。相似之处在于断口上仍有纤维区（紧挨着缺陷的边缘）、放射纹及人字纹区、剪切纹区。与一般的韧性断裂断口不同之处在于，除上述三个区域外，还有缺陷暴露出来，可能有气孔、夹渣、裂纹或氢白点等，也可能是分层或冶金上的脆性相、夹杂物等缺陷。缺陷越严重，纤维区越小，而且放射纹和人字纹要比脆性较大材料显得粗大。设备破断时一般是爆裂而不是爆炸，爆裂时也有响声，爆裂时裂开一条长缝；气体爆炸时有可能碎成碎块。

需注意，这种由缺陷引起的低应力脆断，不是因为材料脆性，而是因为脆断本身的含义即断裂形态而定义的。断裂的形态是指断口完全分离断开之前宏观变形量的大小，即可宏观测量或可见变形量的大小，而不是指金属微观变形过程中位错与滑移之类变形量的大小。因缺陷导致破裂的过程装备其宏观变形很小，与韧性断裂过程装备有很大区别，即使材料本身韧性良好，仍应将其划入脆性断裂的范畴。

**（3）疲劳断裂**

主要从断口和操作条件两个方面进行鉴别。承压设备疲劳断口一般可分为疲劳裂纹成核及扩展区、失稳扩展区两大区域，前一个区域总体上较光滑平整，但又明显可见的贝壳状花纹；后一个区域，即当疲劳裂纹扩展到临界尺寸时而发生失稳断裂的快速撕裂区，一般来说，与韧性断裂及缺陷引起的脆性高速断裂发展区具有相同的宏观形貌，具有放射纹和人字纹，边缘有剪切唇，紧贴着疲劳裂纹边缘有时有很小的纤维区。疲劳断裂一般有低应力下爆裂和泄漏失效两种形式。前者爆裂时变形小，但无碎片，如果不发生二次爆炸或燃烧火灾，一般后果不严重，视物料性质而定。而后者是当疲劳裂纹扩展穿透壁厚，或近于穿透最后被剪切开而引起的泄漏，没有发展到临界失稳断裂状态，即所谓的“未爆先漏”，这样就不会产生撕裂区。断口上疲劳裂纹扩展的部分，在电子显微镜观察中呈现海滩状或贝壳状花纹，这也是鉴别疲劳断裂事故的重要依据。

从操作条件来分析，疲劳破坏的过程装备必须具有交变载荷条件，这不仅包括压力的波动、开工停工的加压卸载，还包括热疲劳情况，即加热与冷却这种温度交变引起的热应力交变；也可能由于振动或承压设备接管引起的附加载荷的交变而形成的交变载荷。只有在交变载荷作用下，才会引起疲劳裂纹形成和促使裂纹发生疲劳扩展。

过程装备发生疲劳断裂的部位一般有应力集中和原始缺陷两类部位。对于应力集中，例如，接管根部最易在交变载荷作用下形成疲劳裂纹而破断；对于原始缺陷，特别是在有较大焊接裂纹的地方，更容易在交变载荷作用下引起疲劳断裂。如果既在应力集中部位，又存在缺陷，就更容易形成疲劳裂纹并快速发展。

由于疲劳而断裂的承压设备，一般无明显的塑性变形，虽然裂纹的疲劳扩展过程是依靠晶粒内的交变滑移来完成的，然而从宏观变形量区分脆断和韧断的形态来衡量，疲劳破断的设备宏观变形量很小，仍应划分为脆性断裂范畴。

**（4）腐蚀断裂**

腐蚀断裂只发生在工作介质可能对装备壁面产生晶间腐蚀和应力腐蚀的承压设备上，并且与均匀腐蚀导致的设备壁面减薄引起的破坏事故有明显区别。这种腐蚀破坏有时也可以通过直观检查来发现，例如严重的晶间腐蚀会使金属材料失去原有的金属光泽，或者虽仍有光泽但失去清脆的敲击声音，变得闷哑；在高温环境下，氢对碳钢的严重腐蚀会在材料内部形成微裂纹和鼓包等。

对这种腐蚀主要还是通过光学显微镜和电子显微镜下的组织观察、成分分析来判断。

另外，断口的宏观和显微分析也是重要的鉴别手段。例如，前述的晶间腐蚀与沿晶型应力腐蚀引起的设备断口，其主断口都是粗颗粒状，断口无光泽，而且表面附着腐蚀产物。应力腐蚀严重时可能会造成设备的粉碎性破坏，应力腐蚀深度较小时，也有可能因剩余强度不足而引起正常压力下的韧性破坏，但在观察断口时会发现有一定深度的腐蚀层。应力腐蚀断裂则主要是应力腐蚀裂纹发展而引起的破坏，设备宏观无明显变形，呈现脆性断裂的形态，属低应力脆断。在光学显微镜或电子显微镜下，可观测到断口沿晶断裂或穿晶断裂的特点。

**(5) 蠕变断裂**

发生蠕变断裂的过程设备都是高温承压设备，一般都已发生较显著的蠕变变形积累，可能直径明显增大。通过金相检查可以发现组织状态显著变化。蠕变断裂的断口比较平齐，与主应力相垂直，呈现脆断状态，断口呈颗粒状，而且表面常被氧化层覆盖，边缘无剪切唇，在电镜下观察断口时可以见到沿晶断裂的特征。

### 7.3.5.3 事故原因确定

通过前述的现场调查、事故过程调查、制造与服役历史调查、技术分析与鉴定以及综合分析，事故原因就能比较容易进行定性了。过程装备事故失效的原因一般可分为设计制造方面、运行管理方面、安全附件方面、安装检修方面四类。

**(1) 设计制造方面原因**

设计方面的原因包括设计选材不当、焊接接头设计不当和结构设计不当等几种。设计选材不当主要是在设计时未充分考虑实际工作条件，比如，未充分考虑低温或腐蚀等因素时，选择材料不当，将会引起设备在正常工作温度和压力下的断裂或设计寿命内的断裂；焊接接头设计不当，例如承压元件错误的采用单面焊或有些部件采用填角焊，也将引起承压设备的断裂；结构设计不当，例如接管补强设计不妥当等，将致使局部应力集中过大造成断裂，特别是有交变载荷需要考虑疲劳分析设计而未作考虑等。

制造方面的原因造成承压设备断裂的案例较多，主要包括以下几种。

ⅰ. 制造时所用材料未达到设计要求，或采用了不符合要求的代用材料，致使设备的材料存在宏微观缺陷。

ⅱ. 焊接工艺不正确，如焊条、焊丝选用不当，焊条和焊剂未按照要求进行相关烘干与保存，焊接加热、冷却或者保温不当造成的焊接裂纹，或者焊接不规范造成的晶粒粗大或残余应力过大导致开裂。焊接中，严重咬边、错边、未焊透等造成的局部应力集中。

ⅲ. 组装时组对不好而强行装配造成装配应力过大，低温设备未严格对某些过渡焊缝进行磨平磨光，易形成应力集中或裂纹。

ⅳ. 热处理工艺不当，例如厚壁压力容器焊接残余应力消除不彻底，或者大型设备热处理时加热不均匀使热处理效果不好。

ⅴ. 无损检测漏检，或者未按照相关设计要求进行无损检测，或未予以返修或返修不善，造成承压设备带缺陷出厂投入运行。

ⅵ. 耐压试验时破裂的原因除存在原始缺陷外，还可能由于耐压试验温度低于韧脆转变温度，或者直立式设备卧放试验时支撑不善造成弯曲应力过大；不锈钢承压设备制造时发生敏化，使设备投用后产生晶间腐蚀或应力腐蚀等。

**(2) 运行管理方面的原因**

运行管理方面的原因包括因超压、液化气超装、遮阳装置破坏、保温保冷材料破损等造成储罐或容器升温超压引起的破坏事故；或者阀门操作失误，流量、温度失控导致压力升高造成事故；因为操作不当使物料成分不纯，混入易燃易爆性物质而造成的爆炸事故；含硫的介质未经严格脱硫而造成的严重腐蚀，或冷却水含氯量超标使不锈钢遭受应力腐蚀等。这些都是由于运行管理不当，最终产生承压设备事故。

**(3) 安全附件方面的原因**

锅炉、盛装易燃介质的容器、有化学反应过程而且容易因反应速度失控酿成爆炸的容器，以及盛装液化气的大中型容器，一般都装设安全阀与爆破片。由于未设置这些安全附件，或者因为设计的排放能力过小，或因为年久失修，严重腐蚀，致使安全附件失灵；或者可能因爆破片材料使用状态不对或选材错误，爆破片精度太差，无法按照设定压力爆破。若因为以上原因造成承压设备超压而安全附件也不能开启或爆破排放，以致发生破坏事故的，都属于此类原因。当确定为这一类原因时，均应先对安全附件做技术检验与鉴定。

**(4) 安装检修方面的原因**

承压设备安装、技术革新中的改造或检修过程中由于现场预热及保温、焊接位置等焊接条件差，检验困难或者焊条保管不善，最易造成焊缝有严重气孔、夹渣、未焊透、未熔合，甚至产生裂纹。现场检修时还容易发生不适当地采用代用材料的情况，焊接坡口也不易达到要求，组对时错边、角变形容易超标等，这些都可能引起焊接缺陷或局部应力集中，都有可能导致破坏事故。

综合分析之后，应明确指出事故原因是上述四类中的哪一类。

## 7.4 流体机械故障及处理

压缩机、泵、风机等过程机器都属于高速运转类设备，是过程工业的动力源头，同时其处理物料多为易燃易爆介质，一旦发生事故，不仅造成工业停产，同时会造成严重的经济损失。下面将分别介绍压缩机、风机、泵等常见流体机械故障及处理措施。

### 7.4.1 压缩机

燃烧爆炸事故和机械事故是压缩机常见的事故形式。

#### 7.4.1.1 燃烧爆炸事故

过程工业用压缩机压缩介质多为易燃易爆介质，且其介质为高压状态，同时压缩机本身及其周围连接设备密封点较多，而且存在动密封，因此介质极易泄漏，并与空气在周围空间内形成爆炸混合物。另外压缩机系统进入氧气等助燃性气体时，也极易形成爆炸性混合物，一旦遇到明火等激励源，极易引发爆炸事故。对氧气压缩机而言，如果内部混入可燃性气体、油脂等杂质或金属物体，当压缩机润滑不足造成汽缸“干磨”导致高温，汽缸内可燃物在高温高压下，有可能会发生燃烧，严重时会造成汽缸爆炸。其次，压缩机常用矿物润滑油可能会生成积炭，存在燃烧爆炸危险，且其燃烧后会生成CO，进入系统，进一步增加系统爆炸危险性。总之，压缩机燃烧爆炸事故原因较多，下面对常见的原因逐一介绍，并提出相应的应对措施。

**（1）可燃性气体泄漏严重**

可燃性气体泄漏是引起压缩机爆炸的重要原因。吸、排气阀失灵造成的密封不严，轴封处泄漏严重，与高压系统连接阀门漏气等都可能造成压缩介质大量泄漏，在明火或静电火花作用下，极易发生燃烧爆炸事故。

针对介质泄漏，可采取主要措施如下：保证吸、排气阀动作灵活性和气密性，及时清理污垢和更换气阀；定期检查轴封填料磨损情况，并及时更换填料；对于氧压机，应设置气封装置；保证安装管路、阀门、法兰及仪表连接密封可靠，并设置气体泄漏检测装置。

**（2）因腐蚀、疲劳断裂，造成的密封可燃气体喷出**

此类原因引起的爆炸，为机械事故引起，详见机械事故部分介绍。

**（3）积炭或其他可燃物因高温燃烧**

润滑用矿物润滑油是形成积炭的主要原因，当汽缸润滑剂选择不当、牌号不符、加油量过大或过少、油脂不佳时，都会加剧积炭现象的产生。其次，在实际运行过程中，如果循环冷却水水质差使中间冷却效果不好，或者冷却水意外中断，都会使气体温度过高。在设备运行前，如果用空气试压试漏，高温下也会使积炭氧化燃烧。

防止积炭燃烧造成事故，采取主要措施是合理选择润滑剂，减少积炭产生，例如乙炔气用非乳化矿物油、氯气用浓硫酸或氧气用水和稀释甘油、乙烯气用白油或无油润滑，或者选用闪点高，氧化后析炭量少的高级润滑油；严格控制用油量，并及时更换润滑油。采用先进的水质处理工艺，定期除垢，增强换热效果，严格控制排气温度。

**（4）管理不善，误操作、违章作业**

例如，检修氮氢压缩机时，所用盲板材料强度不够，导致高压气体喷出并引发爆炸；压缩机负荷试车时，为进行气体置换或置换不彻底，引起爆炸；禁油处理不彻底，容易引起集油箱爆炸等。

此类事故多数属于责任事故，预防措施主要是熟悉操作常识，严禁违规、违章操作，严格按照相关规定完成操作过程。

### 7.4.1.2 机械事故

作为高速运转类设备，机械事故是流体机械的主要事故形式，主要包括活塞杆断裂、汽缸开裂、汽缸盖破裂、曲轴断裂、连杆断裂和变形、连杆螺栓断裂、活塞卡住与开裂、机身断裂和烧瓦及离心式压缩机叶片断裂、离心式压缩机机组振动等。

**（1）活塞杆断裂**

活塞杆是压缩机推动活塞做功的传力构件，通过连接十字头与活塞连接。通过大量活塞杆断裂外观分析可知，活塞杆断裂位置多位于活塞杆光杆填料函处、活塞锁紧螺母螺纹根部、活塞杆与十字头螺纹连接处、活塞杆退刀槽处、活塞杆方法兰连接螺纹处、活塞杆与活塞螺纹连接根部和极差式活塞杆丝扣处。统计资料表明，活塞杆断裂多数属于疲劳断裂，主要原因为：材质选择和热处理方法不当；活塞杆与十字头连接方式选用不当和结构设计不合理；螺纹根径太小，螺纹牙形精度较低、表面粗糙度较高以及制造缺陷，或者采用了错误的螺纹加工方法，例如用车削加工的方法，致使螺纹处产生较大应力集中；氢环境下产生的腐蚀疲劳等。

对于十字头连接方式不合理引起的活塞杆断裂，建议采用接合器代替方法兰的连接。对于连接螺纹结构设计不合理，螺纹加工质量差，要坚决杜绝用车削加工活塞杆螺纹的方法，而是采用滚压的方法加工活塞杆螺纹，并保证螺纹粗糙度，加工螺纹时选择大螺距或矮牙螺纹，并适当增加螺纹根部圆角半径，降低应力集中系数。活塞杆镀铬层质量差也会在镀层上产生大量微裂纹，并扩展到基体上，导致活塞杆断裂。另外，镀铬时会有氢原子进入活塞杆，且镀铬层质量不好，会导致环境中氢原子进入活塞杆中，产生氢脆，使活塞杆强度降低，因此要对活塞杆定期进行无损和磁粉探伤，及时对有裂纹的活塞杆进行更换，活塞杆表面尽量不采用镀铬方法充氢和高频淬火的处理（高频淬火产生的马氏体对氢脆敏感）。

超期服役同样也会造成活塞杆断裂，并且因此造成的断裂事故占不小比例。对此，要根据设计要求和实际使用情况制定使用周期与报废标准，到达使用周期或报废标准时及时更换活塞杆。操作、维护不周也是造成活塞杆断裂或寿命低的原因之一，例如实际运行中紧急带压停车频繁、设备“带病运行”等。更换新缸体后，未对设备进行全面检查就投产，也容易造成活塞杆断裂。

人为操作失误造成的活塞杆断裂事故也时有发生，例如压缩机启动前，忘记打开出口阀门或者运行中过早关闭回路阀，都可能使活塞卡死及发生液击现象，都会使活塞杆受到猛烈冲击而造成破坏。

**(2) 汽缸开裂**

汽缸开裂也是活塞式压缩机常见的机械事故形式。通过大量汽缸开裂事故原因分析，设计不合理造成汽缸开裂的事故较多。设计不合理主要指高压缸阀腔、阀底目前尚无成熟计算公式进行强度计算；高压缸气腔和阀腔一般为垂直正交孔腔，其壁厚按照内压厚壁筒进行设计，容易造成应力集中。制造过程中，铸造或者锻造质量低劣，存在砂眼、气孔或材质疏松等缺陷，另外锻钢又对应力集中敏感，加之汽缸阀腔气孔开口形状为腰子形，其应力集中系数高于圆形开孔。表面加工质量差，如机加工精度低，刀痕尖利，也会增加应力敏感性。汽缸材质差，装配时过盈量过小，运行中由于温度变化，缸套易产生转动或窜动，从而导致缸套开裂。除此之外，运行中汽缸断油、超温超压、汽缸内带入油水发生液击；气阀、螺栓等异物掉入汽缸；冬天压缩机长期停止使用，汽缸内夹套水未排出导致结冰；气流脉动及机器、管道振动等，都会引起汽缸开裂。

对于上述原因造成的汽缸开裂，可采取对应的预防措施，如改进汽缸结构，缓和应力集中；充分考虑压缩机不正常受力状态，设计时适当加厚阀腔腔底厚度；保证汽缸、汽缸套材料质量和铸造质量；装配时过盈量适度；提高表面加工质量和加工精度，降低表面粗糙度；防止运行过程中断油、超负荷、液击现象发生；安装检修时，仔细检查是否有异物掉入汽缸；压缩机长时间停机时，务必把冷却系统及汽缸水套内积水全部放出；减小气流脉动和机器、管道振动。

另外，需注意保证充分的余隙体积，防止活塞在运行中撞击缸盖造成缸盖断裂。

**(3) 曲轴断裂**

曲轴断裂部位多发生在曲轴颈与主轴相连接的曲柄臂、曲柄颈和主轴颈上。造成曲轴断裂的主要原因包括设计时选材、设计计算错误；材料内部存在砂眼、夹渣、夹层、材质分布不均匀和微裂纹；制造质量缺陷；热套过程中，表面应力分布不均，造成局部表面应力大于材料屈服强度而发生热套咬蚀疲劳断裂。另外，在曲柄高速运转、振动大、交变载荷作用下长期运转，且因其几何形状突变，容易产生应力集中现象，会导致过早疲劳断裂。

为预防曲轴断裂，在曲轴加工制造完毕后，应进行全面宏观检查和无损探伤检查，防止存在缺陷；严格控制热套过盈量及热套温度，不允许任何部分的热套应力超过材料屈服强度；曲轴修磨后保证几何形状突变处有一定的圆角，避免应力集中。

**（4）连杆断裂和变形**

连杆作为连接曲轴和十字头（或活塞）并将曲轴的回转运动转变为十字头（或曲轴）往复运动的重要部件，运动状态复杂，承受交变应力。

造成连杆断裂和变形的主要原因是：连杆结构设计不合理，如过渡圆角太小，易产生应力集中，在交变应力下应力集中位置容易萌生疲劳裂纹；材质内部存在砂眼、裂纹等缺陷，铸造和锻造质量差，机加工精度低；运行中，润滑情况恶劣，使连杆受力增加，液击也会使连杆折断或弯曲。

预防连杆断裂和变形，首先要改进设计，避免应力集中，确保材质和制造加工质量，并通过无损检测手段确保连杆产品中没有隐藏缺陷；检修时也应进行无损检测，发现缺陷后应进行评定或处理；严控安装和检修质量；保证润滑效果，严禁液击现象发生。

**（5）连杆螺杆断裂**

在压缩机运行过程中，连杆螺杆承受了很大的交变应力，容易发生疲劳断裂，进而会引起连杆脱落及机身破裂等严重事故。

螺杆结构设计不合理，几何尺寸和制造精度不符合图纸要求，加工方式不正确，表面有刻痕、刮伤、裂纹等制造缺陷，都可能在螺杆上萌生疲劳裂纹。安装检修时，螺栓拧得太紧或者偏斜，容易使螺杆受力过大或者受力不均匀断裂。运行时，螺母、连杆螺杆松动或者脱落而产生敲击、撞击，使连杆螺杆承受较大应力而断裂；设备超负荷运行；轴承间隙过大，发生冲击振动。

此类失效的预防措施有：连杆螺杆两个面之间采用圆角过渡，最后一道螺纹在杆身上应逐渐消失，螺纹根部不得制成尖角而做成圆角，连杆螺杆头与连杆大头贴合的螺母端面加工精度要符合规定；安装螺杆前，应检查外表面与螺纹丝扣是否完整、杆身是否有裂纹。安装螺杆时，要控制拧紧螺栓力。

**（6）活塞卡住与开裂**

活塞与汽缸壁直接接触，在运行过程中，由于摩擦力作用，活塞极易被汽缸表面卡住。活塞一旦被卡住，汽缸内温度会上升，极易发生汽缸或储气罐爆炸，同时会造成连杆螺杆、活塞杆弯曲或折断。

汽缸卡住的主要原因是：汽缸润滑油质量差，容易在汽缸内壁产生积炭，造成活塞运行过程中摩擦力过大；润滑中断，活塞与汽缸壁处于干摩擦状态，会产生巨大摩擦力，活塞与汽缸变形不协调，使活塞卡住；运行中，汽缸冷却效果恶化情况下，突然加水强制冷却，同样会使活塞和汽缸变形不协调，导致活塞卡住；安装时，活塞与汽缸之间间隙太小，连杆机构偏斜过大，使活塞与汽缸不对中。

预防措施主要有：保证润滑效果，更换高质量润滑油，保证润滑油供给；保证冷却水通畅，并严格控制冷却水温升速度，严禁对汽缸进行急速冷却；安装活塞时，严格控制活塞与汽缸同心性并保证在一定误差内。

**（7）机身断裂**

造成压缩机机身断裂的主要原因是：压缩机启动时，活塞在汽缸内突然卡死，或汽缸内高压气体冲击而导致机身断裂；运行中，螺栓、曲轴、连杆断裂撞击机身；金属异物落入缸内撞击汽缸；材质不符合要求，制造质量低劣，强度不够等。

预防措施有：压缩机启动时，必须盘车，防止运动机构被异物卡住；定期检修，发现缺陷及时更换或修复；保证材质和制造质量。

**(8) 烧瓦**

烧瓦是指压缩机在运行过程中，主轴瓦、曲轴瓦和十字头瓦有严重的擦伤划痕，并氧化或熔化的现象。

烧瓦的主要原因是：压缩机运行中缺油或断油，齿轮油泵发生故障；润滑油质量差；轴瓦安装时不合适，瓦量太大，轴与瓦之间会产生敲击、振动，使瓦变形损坏；瓦量太小，会使瓦内存油量少，不能形成正常油膜，造成烧瓦；检修时，轴瓦研磨或刮修不好，在轴瓦上粘有铁屑等杂物；轴瓦质量不好。

预防轴瓦烧瓦的措施有：保证润滑系统正常工作，选择合格润滑油；安装轴瓦时，严格控制瓦量；检修时保证轴瓦研磨质量，及时清除轴瓦异物。

**(9) 离心式压缩机转子磨损与损坏**

转子磨损与损坏，一般是指转子与静止部件的磨损与损坏。造成转子磨损与损坏的主要原因是：因设计、装配、操作等原因致使转子在汽缸内轴向位置不对，转子对中不好引起转子轴向窜动或产生较大振动；高压缸气体窜入低压缸，使轴向推力增加，引起止推轴承磨损或烧坏，使转子轴向窜动，轴向位移失控；变工况运行，产生旋涡、旋转失速等不稳定气流或发生喘振，致使转子运行不稳定；运行时介质沉淀，造成中间级迷宫密封和平衡活塞间隙堵塞，引起末端推力不平衡，推力轴承和轴磨损严重或损坏。

防止此类故障的措施有：合理设计、安装，保证准确对中，保证转子足够强度；检查修复级间密封，防止高推力负荷发生；变工况运行时，操作必须遵循“升压时先升速，降速时先降压”的原则，防止转速过低，出口压力过高等。

**(10) 离心式压缩机叶片断裂**

大量离心式压缩机叶片断裂事故表明，叶片断裂断面无明显塑性变形，断裂机理上多数属于应力腐蚀断裂和疲劳腐蚀断裂。设计制造缺陷、安装和检验不合理、气体与酸泥腐蚀、转子振动不平衡引起的共振以及频繁在喘振区运行是导致叶片断裂的直接原因。

设计制造缺陷主要包括叶轮结构设计不合理，材料中存在夹杂物以及叶轮边缘上有夹杂物，未焊透等制造缺陷。预防措施是发生故障时，立即停车并分析原因；改进叶型设计，避开共振；选用高强度叶片材料，确保加工质量，严格控制表面粗糙度；对焊缝进行探伤，及时发现缺陷，并对焊缝进行消除应力处理；修复后的转子严格进行动平衡和无损检测。

气体和酸泥腐蚀是由于过程工业用压缩机处理介质多具有强烈腐蚀性，会对叶轮有不同程度的腐蚀作用。一旦形成腐蚀凹坑，就会成为疲劳源，致使叶片在受到高应力和腐蚀时发生脆性断裂。预防此类失效，可采用耐腐蚀高强不锈钢焊接叶轮，并进行焊后热处理，或采用整体加工叶轮，并在表面进行防腐涂层保护；对于输送工艺气的设备，尽量降低其中$CO$、$CO_2$含量，并控制温度不要太低，以防生成腐蚀性酸；检查叶轮腐蚀情况，及时清除沉积物。

转子的严重振动主要是由于叶轮设计欠佳，没有避开共振频率；叶片制造缺陷，在施工或检修过程中进行了不当调整、调换，造成驱动机与压缩机主轴对中发生偏离；叶轮安装不够紧密，或因磨损、腐蚀的不均匀等造成叶轮不平衡等引起的。特别是叶轮自振频率与扩压室、回流器或气体管道的自振频率相吻合时，将产生共振。预防措施有：消除过大振动源，调整机组的共振频率，控制叶轮振动在允许范围内；精确安装，确保转子对中良好；发现转子不平衡时，应查明原因并加以消除；严格按照操作规程进行操作，防止喘振、旋转失速等不稳定气流发生。

## 7.4.2 风机

离心式风机常见故障形式包括爆炸、轴承损坏、破裂、轴承壳体损坏、轴瓦损坏和叶片断裂脱落等。

罗茨鼓风机常见事故有工艺气倒流中毒、燃烧爆炸、抽成负压、机内带水、主轴断裂、机壳发烫、振动大、噪声大、出口压力波动大、电流超高或跳闸和盘不动车等。

**(1) 煤气倒流中毒**

对于煤气生产装置，引起煤气倒流中毒的主要原因是罗茨鼓风机出口阀密封不严，内漏煤气，检修时未将设备与系统隔离。

预防措施有：采取有效的密封措施；检修开机时，用隔板隔离风机与系统，并派专人负责现场施工安全。

**(2) 抽成负压**

煤气生产装置中，罗茨鼓风机抽负压容易导致风机抽成负压、气柜抽瘪，空气进入系统形成爆炸性混合气体，引起爆炸。造成该故障的原因是：气柜出口水封积水过高，阻碍工艺气正常流动以致被水封住，从而使罗茨风机所需气量不能正常供给；气柜出口由于煤焦油和煤灰逐步积聚而内径逐渐缩小，甚至造成堵塞；气柜出口阀门未打开或阀芯脱落；冬季气柜出口管内冷凝水结冰。

采取预防措施有：及时排放水封内积水；定期检查和疏通气柜出口管道内煤焦油和煤灰等杂质；冬天加强管道阀门防冻保暖工作等。

**(3) 机内带水**

罗茨风机机内带水会导致电机电流升高，甚至造成跳闸或电机被烧坏。其主要原因是：气柜出口水封严重积水；除尘器内水量过大，出口气体带水入罗茨风机内。

对此，应及时排除罗茨风机内和气柜出口水封内积水，严格控制除尘器水量，防止气体带水。

**(4) 主轴断裂**

造成罗茨风机主轴断裂的原因主要是：气柜内水、焦炭过滤器内焦炭等杂物进入机内，容易造成转子断裂；维护保养不周，例如电机底座螺丝松动，没有及时拧紧而导致转子破碎、主轴弯曲；压缩工段突然停电，气体倒流。

为防止此类事故，要健全巡回检查制度，发现气柜内有杂物及时处理，健全双包机责任制度，加强维护检查。

**(5) 机壳发烫**

罗茨鼓风机机壳发烫将引起出口气体温度升高，降低供气量，主要原因为：回路阀开的太大且开启时间过长；机内转子与机壳之间间隙过大；机内转子产生轴向位移，与机壳产生摩擦；进入系统半水煤气等有毒气体的温度过高。

对此，可采取措施有：尽可能的关小回路阀，或与后续工段联系适当增加供气量；在机壳内涂生漆，使机内转子与机壳之间的间隙减小；校正转子的安装位置或重新调整间隙；与造气工段联系，设法降低半水煤气的温度，适当加大除尘器冷水流量。

**(6) 振动大**

造成罗茨鼓风机振动强烈的原因主要有：启动罗茨鼓风机时未打开回路阀和出口阀；两

个转子之间的螺钉松动。

预防措施为：开启罗茨鼓风机前，应全开回路阀和打开出口阀，并排尽机内积水；加强维护检查，及时拧紧螺丝。

**(7) 噪声大**

造成罗茨风机噪声大的主要原因有：杂物、水等带入机内；齿轮啮合不好或有松动；转子间隙不当或产生轴向位移；油箱油位过低或油质太差；轴承缺油或损坏。

可采取下列预防措施：紧急停车及时清除水、杂物；停车或倒机检修；重新调整间隙或重新安装转子位置；注油时提高油位或更换新油；停车或倒机加油或更换轴承。

**(8) 电流超高或跳闸**

出口气体压力过高、机内煤焦油黏结严重、水带入机内、电网电压低、雷击等都可能引起罗茨鼓风机电流超过或跳闸。

对此，可采取如下预防措施：开启回路阀，适当减少供气量；倒机用蒸汽吹洗或清理机内煤焦油；及时排净机内积水或适当控制除尘器冷却水流量，以防气体带水；开启回路阀，适当减少供气量等。

## 7.4.3 机泵电机

机泵驱动装置主要有电动机和汽轮机两类，而采用电动机驱动用泵占绝大多数。电动机本身发生事故不仅直接损坏电机设备本身，还会造成整个车间或全厂停产。机泵电机烧坏是常见的电动机事故，主要原因包括短路击穿、同步电机失步、电动机着火。

**(1) 短路击穿**

电动机发生短路时，线路中电流增加到运行时电流的几倍，甚至是几十倍，进而导致释放更多的热量，以至于超过线圈允许范围而使电机线圈烧坏。引起短路击穿烧坏电机事故的主要原因如下。

电机绝缘严重老化或定子局部绝缘老化，使绝缘破坏或丧失绝缘能力；单相接地；架空线 A 相瞬时接地，系统 B、C 相对地电位升高；暴雨水浸或腐蚀；雷电等过电压作用；安装或检修中接线错误或操作失误。

可采取预防措施有：严格加强电机质量检查，保持其线圈绝缘性能；严格执行防火、防雨、防腐和防雷电措施；正确进行安装和操作；及时更换绝缘严重老化的电机；根据生产场所、环境条件等特点，正确选型，使其适应工作条件。

**(2) 同步电机失步**

发生同步电机失步，特别是失步时间较长，将使电机过热而烧坏电机转子、定子线圈，并伴随发生电机异声、电流表指针打到头的现象。造成同步电机失步的主要原因如下。

操作机构检查或调整试验中存在问题；检修时，油开关操作机构动作失灵，造成振动，从而使电动合闸机构跳闸；铁芯在铜套里活动不灵活，制造时孔不圆，铁芯和铜套在孔内松动；负载太大以至于转子转不动。

可采取的预防措施有：保证操作机构的检查及调整试验的质量；密切注视同步电机的电流异常变化、温升和异常响声；当电机容量大、负载太大以至于发生失步事故时，应尽快切断电源，以避免因通过定子电流很大而使电机过热以致烧坏。

**(3) 电动机着火**

当电机发生短路时，如果温度过高，达到可燃物自燃点，则可能会引起电机燃烧。造成电动机着火的主要原因如下。

电动机转子和定子间发生摩擦，形成火花；电机周围空间有爆炸性混合物，在电机设备温度达到危险温度时，或在电火花作用下引发爆炸；生产过程中，矿液溅入定子，或锅炉出渣的红火块碰到电机；电机绝缘严重老化，绝缘破坏，形成短路击穿而着火。

可采取如下预防措施：根据生产特点及周围环境，选择封闭式防爆电机或采用正压通风机构形式的电机；严格维护和管理电机，防止易燃物、燃烧物落入电机；及时更换维护绝缘严重老化的电机；加强车间通风等。

### 7.4.4 泵

泵是过程工业生产必不可少的通用设备，种类繁多，工况条件复杂。以下简单介绍泵造成重大事故的主要原因及预防措施。

**(1) 泵轴烧坏或断裂**

造成泵轴烧坏或断裂的主要原因包括制造缺陷、润滑不好或者是操作人员忘记打开上下水总阀门，造成轴承长时间缺水，冷却条件恶化。

对应的预防措施有：保证泵轴加工精度，采用正确的热处理工艺，严格进行质量检查；保证曲轴箱密封，及时清理曲轴箱并更换润滑油，保证良好的润滑效果；严格执行操作规程，保证轴承冷却水通畅无阻。

**(2) 轴承、轴瓦烧坏**

磨碎的金属颗粒随油进入轴径、润滑油油质恶化、轴承锁母丝扣退松造成保险垫被剪断、水冷却系统结垢堵塞、油泵齿轮断裂等都会造成轴承、轴瓦烧坏。

预防措施主要包括：正确选择泵油过滤网目数，及时清理油箱；按照规定定期注油、换油，检查靠背轮磨损情况和轴瓦断油报警装置是否有效可靠；采取先进水处理工艺，定期清除水垢，启动前先打开冷却水阀门等。

**(3) 燃烧爆炸**

泵燃烧爆炸是因为质量等原因造成内部易燃介质泄漏引发的燃烧爆炸事故。泵体材料选用低强度、低硬度的灰口铸铁，代替原设计的高强度铸铁或球墨铸铁；密封、安装不良，零部件断裂容易引起内部介质流出；泵轴封处有砂眼，处理不当，引起断裂着火；检修不良，泵轴力不足；置换吹扫时，因接头短路，电机自动启动，而泵入口阀关闭造成泵内溶剂汽化并喷出着火；定子绕组进水，绝缘损坏，击穿着火等上述原因都可能引起泵发生燃烧爆炸。

对应预防措施有：保证泵质量，对于泵体和阀体，使用前应进行水压试验；保证密封，正确安装，定期检查零部件磨损、腐蚀情况；保证铸造质量，处理砂眼时应有严格的防火措施；正确安装检修，保证泵性能可靠；认真检查电源开关；严格执行防水、防雨措施，及时更换绝缘老化严重的电机等。

**(4) 机械密封严重泄漏**

机械密封属于动密封，其结构和组成较静密封复杂，在运行过程中机械端面的磨损或附属静密封失效是造成其泄漏的主要原因。

机械密封安装时密封端面有划痕，弹簧压缩量不足或过大，动静密封环未被压紧，密封圈在运行过程中耐磨、耐腐蚀和抗老化性能太差导致过早变形、硬化或破裂，大量介质在泵内循环、热量积聚导致润滑油膜被破坏和密封端面过热等都可能引起介质严重泄漏。

预防措施主要有：正确安装调整，认真检查、清洗和及时更换密封元件；机械密封发生泄漏时，应重新拆装，及时更换密封圈等。

## 7.5 案例分析

2007 年 11 月 17 日，山东某厂 $\phi$1800mm 氨合成系统氨分离器出口至冷交换器入口管道（以下简称：氨分出口管）发生粉碎性爆炸事故。事故管位置见图 7-5 中箭头所指。事故管材质为 20 钢，规格为 $\phi$273mm×40mm，氨分出口管事故前操作压力 25.5MPa，操作温度 −2℃，操作介质为 $H_2$、$N_2$、$CH_4$ 和 $NH_3$ 等。

图 7-5　爆炸管道位置示意图

**(1) 现场调查**

长约 14262mm 的氨分出口管除长约 2474mm 的下弯头外均粉碎性破裂，如图 7-6 所示，碎片飞出最远距离约 330m。

图 7-6　碎片复原事故管道

事后事故调查组确认了该装置中离事故现场最近的压力表，经送相关计量测试单位检验后确认爆炸瞬间压力表指针未快速运动到至限位处，即压力表指针与限止钉之间未发生快速撞击作用，从压力表形态无法判断存在瞬间超压。另外，事故调查专家组勘察了该装置中的氮氢气循环压缩机组进口压力表均归零。

**(2) 事故过程调查**

通过调阅事故前氨合成、压缩机、循环机、醇烃化等岗位的操作记录，未发现爆炸前存在压力和温度异常波动现象，分析记录属正常。调看 DCS 记录时发现爆炸前后氨分离器液位出现极大波动。事故前 24h 内未发现压缩机和循环机倒机情况及对运行设备维修的记录。询问合成车间主任、工艺主任、设备主任、操作工和检修工、压缩岗位相关人员、总调度等，未发现事故前上述人员有影响安全生产的异常行为。

**(3) 制造与服役历史调查**

通过调阅资料并问询制造厂家可知，事故管道系冷弯弯制，弯曲后不进行热处理。弯制过程中不排除预热，预热温度 300～400℃。

**(4) 技术检验与鉴定**

委托具有相关资质的单位进行材料成分、屈服强度、抗拉强度、断后伸长率、断面收缩率、硬度、不同温度下冲击韧性、退火后冲击韧性、金相组织及宏观断口等的分析，并出具相关报告。

经检验，爆炸管化学成分符合国家标准，而爆炸管段的屈服强度、抗拉强度和硬度偏高。冲击试验结果显示，爆炸管的冲击功值明显偏低。材料金相组织无异常，为典型的 20 钢组织。

**(5) 综合分析**

通过观察断口和调查事故的各环节，若氨分出口管材料性能正常，其爆破压力应不低于

$$p_b=\frac{2}{\sqrt{3}}\sigma_s\left(2-\frac{\sigma_s}{\sigma_b}\right)\ln K\approx\frac{2}{\sqrt{3}}\times235\left(2-\frac{235}{410}\right)\times\ln\frac{273}{193}=134\ (\text{MPa})$$

或

$$p_b=2\sigma_b\frac{K-1}{K+1}\approx2\times410\left(\frac{273}{193}-1\right)\Big/\left(\frac{273}{193}+1\right)=141\ (\text{MPa})$$

上述算式中材料屈服点和抗拉强度均为最低保证值。

进一步结合理化检验结果，得到如下结论：经对事故现场调查和对氨分离器及冷交换器的损坏形式分析，确认氨分出口管爆炸属正常操作压力下的物理爆炸；经材料检验证明，材质劣化是引起氨分出口管粉碎性物理爆炸的直接原因。引起氨分出口管材质劣化可能的原因包括制造工艺不当造成的应变时效脆化或/和第一种回火脆（蓝脆）以及管道运行过程中的应力腐蚀开裂或/和氢脆。

# 参 考 文 献

[1] 李智梁．浅议化工机械事故的控制与分析 [J]. 科技资讯，2011，(3)：117.
[2] 潘平盛．浅议化工机械事故的控制与分析 [J]. 机电信息，2011，(12)：187-189.
[3] 毛世强．浅谈化工机械施工的控制 [J]. 装备制造技术，2011，(10)：226-227.
[4] 耿鹏照．化工机械设备诊断分析及措施 [J]. 黑龙江科技信息，2011，(9)：46.
[5] 陈宪禧，王威强，朱衍勇等．平阴鲁西化工第三化肥厂有限公司尿素合成塔失效分析报告 [R]. 2005.
[6] 戴树和．工程风险分析技术 [M]. 北京：化学工业出版社，2007.
[7] 关允峰．影响当代化工企业安全生产的因素及管理对策探究 [J]. 北工管理，2013 (12)：33-35.
[8] 姜广君．我国能源运输通道体系综合评价及优化研究 [D]. 北京：中国矿业大学，2011.
[9] 李国华．现代无损检测与评价 [M]. 北京：化学工业出版社，2009.
[10] 邵泽波．无损检测 [M]. 北京：化学工业出版社，2011.
[11] 刘贵民．无损检测技术 [M]. 北京：国防工业出版社，2006.
[12] 林俊明，姚泽华．金属磁记忆检测技术 (MMT) [J]. 中国特种设备安全，2001，17 (1)：47-48.
[13] 任吉林，唐继红，邬冠华等．金属的磁记忆检测技术 [J]. 无损检测，2001，23 (4)：154-156.
[14] 简虎．磁记忆检测技术机理及其应用的研究 [D]. 武汉：华中科技大学，2006.
[15] 宋志平，李红梅．金属磁记忆检测技术的原理、应用、现状及发展调查 [J]. 现代制造技术与装备，2011，(1)：40-41.
[16] 陈忧先．化工测量及仪表 [M]. 北京：化学工业出版社，2010.
[17] 陈卫红．粉尘的危害与控制 [M]. 北京：化学工业出版社，2005.
[18] 魏华．安全仪表的可靠性和可用性分析 [J]. 石油化工自动化，2009，45 (1)：10-13.
[19] 张增照，谢少锋，古文刚．测量仪器可靠性分析技术应用探讨 [J]. 仪器仪表学报，2010，31 (8)：268-272.
[20] 马英杰，孙绪军，李裕茂．关于自动化仪表的可靠性分析 [J]. 现代工业经济和信息化，2014，4 (20)：71-72.
[21] 李伟．浅谈压力容器安全附件—安全阀 [J]. 金田，2013，(12)：188-189.
[22] 刘志龙．压力容器安全附件的选用与安装 [J]. 机械工程师，2014，(10)：231-232.
[23] 邵建设．安全联锁系统的可靠性及可用性分析 [J]. 化工过程工业及仪表．2003，30，(2)：30-34.
[24] 荆胜南，张继，王洪元．紧急停车系统 (ESD) 的实现 [J]. 计算机与应用化学．2010，27 (8)：1123-1126.
[25] 宋继红．特种设备安全监察法规标准体系 [J]. 压力容器，2006，23 (12)：1-7.
[26] 彭浩斌．我国特种设备安全管理体系研究 [D]. 广州：华南理工大学，2009.
[27] 陈海群，陈群，王凯全．化工生产安全技术 [M]. 北京：中国石化出版社，2012.
[28] 王文和．化工设备安全 [M]. 北京：国防工业出版社，2014.
[29] TSG 21—2016 固定式压力容器安全技术监察规程 [S].
[30] TSG R1001—2008 压力容器压力管道设计许可规则 [S].
[31] GB/T 20801.1—2006 压力管道规范 工业管道 [S].
[32] TSG D0001—2009 压力管道安全技术监察规程——工业管道 [S].
[33] TSG D2001—2006 压力管道元件制造许可规则 [S].
[34] TSG Z7001—2004 特种设备检验检测结构核准规则 [S].
[35] TSG Z 7005—2015 特种设备无损检测结构核准规则 [S].
[36] TSG R3001—2006 压力容器安装改造维修许可规则 [S].
[37] 池作和．锅炉安全技术 [M]. 北京：中国计量出版社，2009.
[38] 刘道华．压力容器安全技术 [M]. 北京：中国石化出版社，2009.
[39] 肖晖，刘贵东．压力容器安全技术 [M]. 北京：化学工业出版社，2012.
[40] 马世辉．压力容器安全技术 [M]. 北京：化学工业出版社．2011.
[41] 崔政斌，王明明．压力容器安全技术．第 2 版 [M]. 北京：化学工业出版社．2009.
[42] 陈炳和，许宁．化学反应过程与设备 [M]. 北京：化学工业出版社．2014.
[43] 朱晏萱．换热设备运行、维护与检修 [M]. 北京：石油工业出版社．2012.
[44] GB/T 151—2014 热交换器 [S].
[45] 郑津洋，董其伍，桑芝富．过程设备设计 [M]. 北京：化学工业出版社，2010.

[46] 李云，姜培正．过程流体机械 [M]. 第 2 版．北京：化学工业出版社，2008.
[47] 朱祖超．低比转速高速离心泵的理论及设计应用 [M]. 北京：机械工业出版社，2008.
[48] 陈宗华，秦云龙，梁晓刚等．石化行业大型离心式压缩机组安全运行研究 [J]. 化工装备技术，2005，26 (2)：57-64.
[49] 赵伟．离心机的安全使用 [J]. 中国医疗设备，2016 (1)：168-169.
[50] 杜凡．结构完整性评定技术进展 [J]. 广州化工，2012，40 (10)，27-30.
[51] 陈国华．结构完整性评估 [M]. 北京：科学出版社，2002.
[52] GB/T 19624—2004 在用含缺陷压力容器安全评定 [S].
[53] 刘相臣，张秉淑．石油化工装备事故分析与预防 [M]. 第 3 版．北京，化学工业出版社，2011.
[54] 王威强，吴俊飞编著．承压设备安全技术与监察管理 [M]. 北京，化学工业出版社，2008.
[55] 桑灿，褚武扬．压应力下黄铜在氨水中的应力腐蚀 [J]. 中国腐蚀与防护学报，1992，12 (3)：221-225.
[56] 王威强，刘华东．氨分离器出口至冷交换器入口管道失效分析报告 [R]. 2007.
[57] 李培宁．世界各国缺陷评定规范的发展 [J]. 中国第五届全国压力容器学术会议论文集，2001.
[58] 李俊菀，陈志良，淡勇．压力容器缺陷评定研究进展 [J]. 化工设备与管道，2009，08，46 (4)：1-5.